国家林业和草原局普通高等教育"十三五"规划教材

包 装 设 计

王 瑾 编著

Package Design

中国林业出版社
China Forestry Publishing House

图书在版编目（CIP）数据

包装设计 / 王瑾编著. -- 北京：中国林业出版社,2018.6
国家林业和草原局普通高等教育"十三五"规划教材
ISBN 978-7-5038-9610-1

Ⅰ.①包… Ⅱ.①王… Ⅲ.①包装设计－高等学校－教材 Ⅳ.①TB842

中国版本图书馆CIP数据核字（2018）第129634号

国家林业和草原局生态文明教材及林业高校教材建设项目

出版发行	中国林业出版社(100009　北京市西城区德内大街刘海胡同7号)
电　　话	(010)83143500
制　　版	北京美光设计制版有限公司
印　　刷	固安县京平诚乾印刷有限公司
版　　次	2018年6月第1版
印　　次	2018年6月第1次印刷
开　　本	889mm×1194mm　1/16
印　　张	12.75
字　　数	300千字
定　　价	60.00元

前　言

　　包装设计是品牌理念、产品特性、消费心理的综合反映，它直接影响消费者的购买欲。在经济全球化的今天，包装作为实现商品价值和使用价值的手段，在生产、流通、销售和消费领域中，发挥着极其重要的作用。包装行业是具有巨大发展潜力和广阔市场前景的朝阳产业，在国民经济中的地位日益重要。而包装设计作为一门综合性学科，则担负着我国包装产业发展、人才培养的重要任务。

　　包装设计教学的质量和水平，取决于所学课程的体系和教学内容，其中包装教材的选用至关重要。为了适应市场经济对包装艺术设计人才的需求，作者在多年的包装设计教学工作中，对现行包装教学体制进行了探索性地改革。本教材是包装设计课程讲义与平日的设计实践经验相结合，并参考相关资料编写而成的。本教材凝聚了作者对包装设计课程的研究及教学成果，本教材的出版对包装设计教学将提供一定的理论支持。本教材分为8章，全面阐述了包装设计的相关理论和实践方法：第1章介绍了包装的基本功能与设计原则，以及包装与品牌的关系；第2章讲述了包装的历史发展、演变过程及对应的社会时代背景；第3章结合包装设计的流程、定位和构思讲解包装设计的程序及方法；第4章详细介绍了各种包装材料及其性能；第5章讲解了包装的容器造型与纸盒结构；第6章通过对包装设计视觉要素的讲解，旨在让学生掌握包装设计的表现技法；第7章详细讲述了食品、药品、化妆品这三类包装的设计方法；第8章讲解了包装设计与印刷工艺的关系。相比同类教材，本教材每一章都有大量最新案例及详细的介绍分析，案例包括欧美、日本及国内最有影响力的设计作品，增加了本书的实用性与时代性。

本教材结合包装市场成功案例，以包装设计理论为基础，以广大艺术设计院校师生和包装行业从业人员为主要读者，既是高等艺术院校包装课程的教材，也可以作为相关从业人员的专业参考书。由于时间仓促，本书难免有遗漏之处，敬请广大读者批评指正。

教材中少数图片的作者由于姓名或地址不详，无法与作者联系，作者在此对教材中一切参考资料及借用图片的原始作者表示敬意！

感谢中国林业出版社的编辑对本套丛书的策划，以及在筹备和编写过程中提供的宝贵意见。同时也感谢邵梓耕、易晓丽、赵晓玲、韩鹏宇、谢成龙、刘蕾等同学在资料整理中付出的辛勤工作。

王瑾

2018年3月

目 录

第7章

分类包装设计

第8章

包装设计与印刷工艺

参考文献

第1章

概述

▶ **学习提示**

本章通过对包装基本功能与设计原则的讲述，旨在让学生了解在激烈的商业战场上，商品包装所发挥的重要作用，理解包装与品牌的关系、包装设计的整体规划内容，掌握包装设计的基本原则。

▶ **学习目标**

▸掌握包装设计的原则。

▸理解包装的三大功能作用、包装设计整体规划内容。

▸了解包装的概念及分类方法。

▶ **核心重点**

包装的商业价值及品牌包装的优势。

▶ **本章导读**

包装设计是一门科学与艺术、感性与理性、物质与精神的各种因素相互渗透，彼此交融的综合学科；是品牌理念、产品特性、消费心理的综合反映；是建立商品与消费者亲和力的有力手段。从古到今，包装伴随着整个人类发展历程不断发挥着其自身的重要作用。在经济全球化的今天，包装与商品已融为一体，除了保护商品、方便使用的功能以外，包装还被形象地称为"无声的销售员"，在生产、流通、销售和消费领域中，发挥着极其重要的作用。

1.1 包装与包装设计

1.1.1 什么是包装

包装设计的英文名称是"Package Design"，在视觉传达设计中，是一门自成体系的学科。我国《包装术语基础》（GB/T 4122.1—2008）中对包装概念的描述是："为在流通过程中保护产品，方便储运，促进销售，按一定技术方法而采用的容器、材料及辅助物等的总体名称。也指为了达到上述目的而采用容器、材料和辅助物的过程中施加一定方法等的操作活动。"

日本把包装的概念定义成物品在运输、保管、交易、使用时，为保持物品的价值、形状，使用适当的材料、容器进行保管的技术和被保护的状态。加拿大对包装的定义描述是，将产品由供应者送至顾客或消费者过程中，能够保持产品处于完好状态的手段。美国对包装的定义是为产品的运输和销售所做的准备行为。英国的包装概念是为货物的运输和销售所做的艺术、科学和技术上的准备工作。

从上述各国对包装的界定来看，中国、美国、英国对包装的定义是将现代社会这个销售时代对包装所具有的更多期待都界定进来，而加拿大和日本则站在包装的最原始、最核心的功能角度来确定包装的作用和意义。

图1-1 印有德国慕尼黑城市风光的啤酒包装

图1-2　具有日本传统风格的食品包装（永井一正）

本书认为，包装是人类文明发展的产物。从字面上讲，"包"即包裹，"装"即装饰，意思是把物品包裹、装饰起来。从设计角度上讲，"包"是用一定的材料把东西裹起来，其根本目的是使东西不易受损、方便运输，这是实用科学的范畴，是属于物质的概念；"装"指事物的修饰点缀，指把包裹好的东西用不同的手法进行美化装饰，使包裹在外表看上去更漂亮，这是美学范畴，是属于文化的概念。单纯地讲"包装"是将这两种概念合理有效地融为一体。

从古到今，包装伴随着整个人类发展历程不断发挥着其自身的重要作用。目前，在全球经济一体化趋势下，包装作为商品竞争和品牌营销战略的终极战场，在国民经济和企业发展中扮演着举足轻重的角色。包装作为一种物质和精神文明的享受，是衣、食、住、行的重要组成部分。因此，包装被形象地称为"无声的销售员"。

1.1.2　包装设计的两个领域

包装横跨两种不同的领域：其一是工业包装的领域，主要是为了在运输中防护来自外部的伤害，将货物置于容器，捆扎固定，成为适于运输的状态；其二是商品包装的领域，主要是在保护商品的同时增加商品价值，具有传播设计与产品设计的双重性质。包装一般有三种不同的形式：一是根据商品情况由不同容器与外壳构成，这是最常见的形式；二是如罐头类商品本身的容器兼有包装的目的；三是如香烟类产品，外壳包装兼有容器的功能。

包装设计研究领域也被分在两个学科中：一类属于工科类的包装工程，包括包装印刷、包装材料、包装结构、包装设计等内容；另一类则属于艺术设计类的视觉传达设计，主要以包装造型、包装文字、包装色彩、包装图案等视觉传达要素设计为重点，包装的材料、结构印刷等为辅助内容。包装工程重点研究包装的保护性功能，包装设计则突出的是包装的销售性功能。

（1）工业包装

工业包装又称为运输包装、物流包装，是物资运输、保管等物流环节所需要的必要包装。它以强化运输、保护产品、便于储运为主要目的，使产品在储运过程中避免各种可能产生的外力冲击或气候变化而产生的影响。工业包装要在满足物流要求的基础上使包装费用越低越好，一般采用"单元化"的处理方法，将产品汇集成适合的某种规格来进行包装，如集装箱。

为了节约成本，工业包装的视觉设计处理较为简单。文字主要以说明性文字为主，除了商品名称外，通常以安全性提示为主，如标注不可倒置、易碎、防潮、危险等字样。色彩关系简单，多以单色为主。工业包装内部的间壁结构方式直接关系到商品外观的形象，因此，对商品外观造型效果影响很大。合理地、改进满足功能需要的间壁结构能促进包装安全性的提高。近年来，工业包装采用大量的发泡塑料用作缓冲材料或固定材料，这些材料难以回收利用，造成环境污染的严重后果。所以，工业包装的间壁材料应积极开发和运用可再生或重复利用的材料。

产品的特性和形态是影响工业包装设计的两个重要因素。产品特性是指产品是否易变质、抗腐蚀、易挥发、易碎等属性，而这些属性都直接关系到工业包装的选材和外形设计。产品的形态，如固态、液态、颗粒状、粉状等不同形态，同样也决定了工业包装的选材和造型设计。

图1-3 工业包装

图1-4 商业包装

（2）商业包装

商业包装的核心意义是能够使产品变为商品。产品与商品的区别在于：产品只有存在价值，没有服务价值；产品只有成本价值，没有附加值；产品只有物质价值，没有文化精神等综合价值。而商业包装使产品变为商品，使产品价值转化为市场价值，使产品具有个性与生命。商业包装是以促进销售为主要目的的包装，这种包装的特点是外形美观，有必要的视觉设计，包装单位适于顾客的购买量以及商店陈设的要求。在流通过程中，商品越接近顾客，越要求包装有促进销售的效果。由于自助式销售方式的兴起，商业包装在设计上注重包装本体所产生的新效应，除了拥有保护等功能外，还会为商品增加相应的附加值。商业包装的具体设计将在后面的章节详细讲解。

案例1-1

麒麟啤酒，是麒麟麦酒酿造会社的产品，是日本三大啤酒公司之一，也是世界十大啤酒集团之一。麒麟品牌以中国传统文化中昌盛吉祥的象征——麒麟来命名，是一个享有百年盛誉的世界性品牌啤酒，拥有悠久的历史及丰富多样的产品。麒麟啤酒的商业包装设计首先是突出啤酒的不同原料、不同酿制及不同口味的商品属性，在此基础上，围绕"麒麟"的品牌图形来毫不吝惜地占用有限的包装空间。用色方面也是一贯秉承品牌色——金色的应用，营造高贵品质与可以信赖的氛围。

1.1.3　包装设计的内容

广义上讲，包装设计是一门与其他众多学科、知识有着密切联系，具有极强交叉性的综合性学科。在一定程度上，包装设计是文、理、工学、艺术学、社会学等学科的综合体。狭义上讲，包装设计是平面设计中最为重要的一门课程，其内容相当广泛，包含了商业设计学、视觉设计学、印刷设计学、材料与结构学、立体造型设计等学科内容，是图形设计、字体设计、版式设计、摄影、色彩设计、平面构成、立体构成等课程的综合表现。包装设计与通常意义上的平面设计相比，是三维结构和二维平面的综合处理（如纸盒结构、容器造型的立体设计）。因此，包装设计具有其独特的多样性。

包装设计具有与商品的营销策划、商业推广和品牌管理等手段同等的作用，是任何一种商业行为走向成功的必经之路。传统的包装设计要求达到保护商品、适于运输与储存、具有展示效果、能鲜明地与其他竞争商品相区别、能刺激观众的购买欲望、指示使用方法或提供使用的方便性、具有造型美等条件。然而，随着现代社会发展，人们生活方式、生活观念的转变，新的消费观念与消费方式、消费潮流和消费个性随之产生，以上传统包装的设计要求已经不能满足社会的需求。公益包装、绿色包装、适度包装、轻度包装、可循环利用包装等新概念成为包装发展的新理念。也就是说，未来的包装设计将在从工业生产到消费使用再转至回收再利用的整个循环过程中发挥真正的作用和效力。

良好的包装设计能让商品具有竞争力，不仅能传播、美化、宣传商品，并能吸引消费者花钱尝试。所以，好的包装设计一定要有销售促进力的功能，从而产生与广告一

图1-5　口味各异品牌形象统一的冰激凌包装设计

图1-6　星农联合品牌的吮指虾包装形象
（蓝色圣火品牌设计）

图1-7　针对"2016欧洲杯"的主题包装

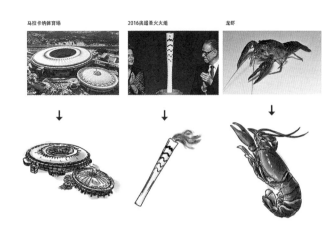

图1-8　针对奥运会的主题包装

样具有号召力与影响力效应的推进器作用。或者说，好包装能体现企业的品牌形象、能满足消费者的心理诉求与价值取向、能直观体现商品差异化卖点等，能在眼花缭乱的卖场中先声夺人、脱颖而出。

1.1.4　包装设计的整体规划

包装设计是一个系统过程。包装设计不只是容器设计，也不是装潢设计或结构设计，而是着眼于全过程的综合性设计。它必须考虑商品自生产出来后，到消费者手中所有设计问题和行为。在包装设计实操中，不能将策划与包装设计割离，包装设计的整体规划目的在于以市场导向、消费者心理诉求及喜好为先导，在充分了解市场与消费者的基础之上，进行分析梳理，从服务企业的整体状况作为切入点，而非为包装而设计包装。只有深入市场、深入消费者心智，才能有据可依，避免闭门造车、纸上谈兵的情况发生。包装设计的整体规划包括以下六点内容：

（1）包装项目的立项与调研

项目立项是明确包装设计目标、方向、投资成本与时间要求、双方的责任与义务的先决条件。依据明确的项目要求，才能针对性地进行市场调研，以避免无效的设计活动与责任义务纠纷。项目调研主要包括包装的内容、商品的消费层、销售渠道及销售地点等。

包装的内容：一是要了解商品的基本物理形态(固体还是液体、体积及重量等)和化学形态（是否变质及怕光等）；二是要确定商品的基本类型，了解商品的档次和基本价位，了解商品的生命周期与销售时期；三是要了解同类商品的情况，并分析优缺点和特点。

消费层：要了解该商品的目标消费群体，如性别、年龄、职业、文化程度、收入情况及基本消费习惯等。

销售渠道：要了解商品的销售模式，包括直销、批发转零售及专卖等销售形式；还要了解商品的运输方法，如车运、航运及空运等。

销售地点：要了解商品的大范围销售地点，如国内、国外、城市或乡村等。也要了解商品主要的具体销售地点，如商场、超市、集贸市场或便利市场等。

(2) 包装设计资源的整合优化

随着消费者多样化需求的凸显和市场竞争的日趋白热化，消费者除注重商品包装及其质量外，越来越信赖那些品牌度高、信誉度好、形象上佳的企业产品。过去仅注重平面视觉传达的包装设计模式已难以适应现代复杂的社会需求。整合包装设计则强调通过详细的市场调研发现市场需求，在保证产品质量的前提下，以品牌形象整合与产品创新为基础，最终打造品牌化包装。包装设计要综合考虑开发设计、采购、生产、物流、销售、服务、回收等各个环节的锁链效应，要整合优化企业资源、设计资源、生产资源，要紧密联系企业文化、企业品牌、企业形象等，并将它们进行有效地整合设计。只有这样，包装设计才能摆脱以往单纯的平面设计，形成集市场、社会、经济等效应于一体的良好设计，才能有助于提升企业的核心竞争力和塑造良好的品牌形象。

(3) 生产工艺及价格定位

对生产工艺及相关技术设备的了解，是商品包装设计具有可行性的先决条件。科技发展使与包装工艺相关联的新设备、新技术、新工艺、新材料层出不穷，包装设计师应该熟知包装新科技的发展现状及变化趋势，能够根据前期的项目调研确定包装整体研发的支出费用及价格预算，匹配相应的包装生产工艺。包装整体定位与工艺策划是包装设计的类型、设备投资、工艺技术管理、商品生产方式及市场经济效益等各个环节顺利实施的前提条件。改良型包装设计，同样需要考虑包装的生产加工设备条件，充分利用现代先进包装生产工艺技术带来的便利条件。

(4) 包装结构设计

包装结构设计对于平面设计的学生来说是难度较大的一个环节。包装结构设计是为了实现被包装物在运输、销售、开启使用等过程中的安全性、稳定性而进行的设计。包装结构设计与包装视觉设计应相互依存、融为一体。再好的包装外形设计，如果不实用，消费者使用不方便，包装效率低，也不是好的包装设计。包装结构设计要充分利用所选材料质地的保护性，建立空间概念，把立体构成的概念应用到包装结构设计中，还要充分利用包装材料的切割线、折叠线、平面、镂空面构成的效果和作用，使造型结构美观，达到保护商品、便于使用的功能。包装商品类别的复杂性和包装材料的多样性，形成了包装结构的多种表现方式，如纸盒、塑料容器、木箱、金属罐等不同包装形态形成的各具特色的包装结构及包装形式。所以，无论何种形式的包装结构，都要依据包装的功能，合理用材、造型，以发挥容纳、支撑、固定、隔离、排列、封合商品的作用，便于商品的运输、销售、使用。

(5) 包装材料的选用

包装材料的选用要适应内部所包装的商品。商品包装一般分小包装、中包装和外包装，它们对商品的作用各不相同。例如，小包装与商品相接触，主要是保护产品质量，多用软包装材料，如塑料薄膜、纸张、铝箔等。中包装是指将小包装的商品组成一个小的整体，如成套的化妆品包装，它需满足装潢与缓冲双重功能，主要采用纸板、加工纸等半硬性材料，并适于印刷。外包装也称作大包装，是集中包装于一体的容器，主要用来保障商品在流通中的安全，便于装卸、运输，故又称作运输包装。外包装材料首先应满足防震功能，并兼顾装潢需要，多采用瓦楞纸、木板、胶合板等硬性包装材料。

包装材料的选用要根据被包装物的价格品性而定。对于高档产品，如珠宝、工艺礼品等，本身价格较高，为确保安全流通，就应选用性能优良的包装材料。对于出口商品包装，为了满足消费对象的心理要求，最好采用具有民族特色的或高档的包装材料。对于人们日常消费量大的商品，则可选用经济实惠的包装材料。从美观角度出发，包装材料的选用要考虑材料的肌理、质感、颜色、透明度、挺度等，如包装容器材料中玻璃透明度好，晶莹剔透，使人心情舒畅；金属挺拔刚硬，给人科技现代之感。材料种类不同，其美感差异甚大，如用塑料薄膜和蜡纸包装糖果，其效果就大不一样。在全社会都提倡低碳经济的环境下，无论选用什么样的包装材料，都要考虑其是否可以回收、循环再利用。

（6）包装视觉设计

包装视觉设计是指将被包装商品的信息，通过特定的视觉形象表现出来，传递给消费者，使消费者清晰地了解该商品的各种信息，如商品的牌号、品名、功能、价格、使用方法等信息，从而促使消费者产生购买行为。包装技术的进步使运输包装、外包装、大包装都可以印刷文字、图形、色彩等视觉信息。目前，运输包装或大型外包装往往只注重保护商品的功能而忽视销售性功能。包装视觉设计应当通过图形、色彩、文字等这些视觉信息符号的设计，利用各类包装的结构、材料之特点，发挥创造力和想象力，运用联想、比喻、抽象等方法，从大包装到小包装，从内包装到外包装，准确地向消费者传达商品的文化品位，从而满足消费者的物质与审美需求，提高商品的附加值和市场销售竞争力。

包装设计的整体规划要求上述的各个环节相辅相成，没有孰轻孰重之说，只有相互配合，在包装设计实践中灵活应用。

图1-9　品牌视觉形象突出的系列化包装

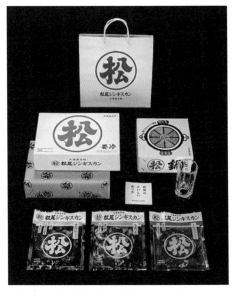

图1-10　品牌视觉形象突出的系列化包装

案例 1-2

　　"农夫山泉"牌瓶装饮用水在国内同类产品中市场销量连续排列前三甲。农夫山泉在包装设计的整体规划中从不掩饰自己的个性,实施产品差别化战略。主要从产品的功能特征、包装样式的视觉感,来塑造与竞争对手不同的企业形象并取得竞争优势。例如,右图中农夫山泉天然矿泉水塑料瓶的消费者定位是青少年,为了彰显青少年的激情活力,瓶盖内配有阀门,只有在受压情况下才会打开,瓶身上的彩色插画表现了长白山的四季景色,风格夸张、色彩丰富、充满想象力;右图中玻璃瓶定位是具有长白山地域特色的高端矿泉水,瓶身采用水滴一样的流线型,显得高贵优雅,同时也充分展示了水的纯度和净度,图形设计通过描绘长白山东北虎、中华秋沙鸭等物种,展示出了对大自然应有的敬意,深刻表达了天然、环保、健康的企业理念。

案例 1-3

　　下图是加拿大一款名为"达芬奇"品牌的冰淇淋包装。标志字母凭借传统而又现代的刻字风格,表达了自信和认真。字母V中的风格化冰淇淋是品牌视觉特征的核心,实现了徽标的贵族感觉。以紫色和金色为主要选择的色彩系统为标志提供了最终的优雅感。包装策略与视觉识别系统整体规划,通过标志、标准色、图案和字母创建出视觉形象,产生了强大的识别力与凝聚力。

1.2 包装的功能与作用

一件产品，从原料加工，制成产品，到在市场上作为商品出售，一般要经过三个领域：生产领域、流通领域、销售领域。在整个过程中，包装起着非常重要的作用。归纳起来，有保护性、便利性和销售性三大功能。

（1）保护性功能

包装的保护性作用，主要体现在以下几个方面：

①防止商品破损变形 保护性包装必须能够承受在装载、运输、保管等过程中的各种冲击、振动、颠簸、压缩、摩擦等外力的作用，形成对内装商品的保护，具有一定抗振强度。

②防止商品发生化学变化 商品在流通、消费过程中易受潮、发霉变质、生锈而发生化学变化，影响商品的正常使用。这就要求保护性包装能在一定程度上起到阻隔水分、潮气、光线及有害气体的作用，避免外界环境对商品产生不良影响。

③防止有害生物对商品的影响 鼠、虫及其他有害生物对商品有很大的破坏性。这就要求保护性包装能够具有阻隔霉菌、虫、鼠侵入的能力，形成对内装商品的保护作用。

④防止异物混入、污物污染、丢失、散失和盗失等作用。

因此，在商品包装设计时，要把包装的保护功能放在首位来考虑。确保商品和消费者的安全是包装设计最根本的出发点。

发挥包装的保护功能，应当根据商品的属性来考虑储藏、运输、展销、携带及使用等方面的安全保护措施。不同商品需要不同的包装材料，通常选用的包装材料包括金属、玻璃、陶瓷、塑料、卡纸等。如透明的亚克力在保护商品的同时，还可起到销售作用。在选择材料时，既要保证材料的抗震、抗压、抗拉、抗挤、抗磨等性能，又要注意商品的防晒、防潮、防腐、防漏、防燃等问题，确保商品在任何情况下都完好无损。

包装的保护性功能是与科学技术发展息息相关的。例如，无菌保鲜包装在世界各国，尤其是发达国家的食品制造业中极为盛行。英、德、法等国已有三分之一的饮料使用无菌包装，其应用不仅仅限于果汁和果汁饮料，而且也用于牛奶、矿泉水和葡萄酒等。美国还推出天然活性陶土和聚乙烯塑料制成的新型水果保鲜袋，这种新型保鲜袋犹如一个极细微的过筛，气体和水气可以透过包装袋流动。试验表明，用新包装袋包装水果蔬菜，保鲜期可增加一倍以上，且包装袋可以重复使用，便于回收。

（2）便利性功能

包装的便利性，是指商品从生产出厂到消费者使用的整个过程中要便于各个环节的顺利进行，即便于运输和装卸，便于保管与储藏，便于携带与使用，便于回收与废弃处理。

商品包装是否便于消费者携带、使用、存储，都会直接影响到消费者购买商品的决心。再漂亮的包装如果不能提供使用上的方便，也是一件糟糕的设计产品。所谓"罐

图1-11　包装的保护性功能

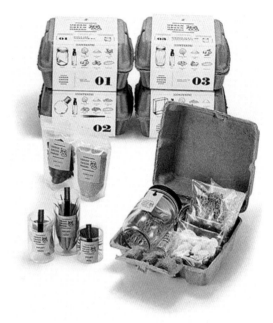

图1-12　包装的保护性功能　　　　　　　　　　　　　　图1-13　包装的保护性功能

头好吃口难开"就是对以往中国罐头包装设计缺陷的一句经典描述。包装的方便性设计很多是在细节上体现出来的，如在零食的复合塑料袋上切出一个小小的缺口，可谓举手之劳，却可以方便用户撕开包装；在泡罩包装的背板上划一个十字切口，也能提供很好的便利。

　　包装的便利性首先要考虑包装在生产上的方便性，即包装设计能否实现精确、快速、批量生产，能否利于工厂快速、准确地加工、成型、装物和封合。

　　其次，是时间上的方便性，即包装设计能否提高消费者的使用效率，节约宝贵的时间，如快餐、易开包装等。

　　再次，是空间上的方便性，即包装设计在形状、体积尺寸、规格等方面是否考虑到各种运输工具的载重和内部空间尺度，以便高效率地利用运输工具，从而降低销售成本。包装的空间方便性对降低流通费用至关重要。尤其对于商品种类繁多、周转快的超市来说，十分重视货架的利用率，因而更加讲究包装的空间方便性。规格标准化包装、挂式包装、大型组合拆卸分装等，这些类型的包装都能比较合理地利用物流空间。

　　最后，是使用上的方便性，即包装设计是否符合人体工程学原理，在开启、使用商品的过程中是否能够节省消费者的体力消耗，使人产生一种现代生活的愉悦感。

　　在销售过程中，商品包装可以通过以下几种便利形式来刺激消费者的购买欲和增加销售量：

　　①叠放式包装　在大型超市货架上，销售员会充分利用货架空间，尽可能将商品堆叠起来进行展销，这样既可多放又省空间。包装的便利性就是要考虑如何安全、高效地叠放。如金属盒装饼干，在底部和盖上都设计有凹凸沟槽，堆叠起来正好套上，取放很安全。

　　②开窗式包装　即在包装盒的正面开一个大小形状合适的窗口以展示商品。它和文字、图案、商标有机地组合在一起成为一个整体构图，既美观又便于消费者直观识别商品的质地和花色样式。这种包装一般加有硬盒、衬板等，能弥补盒面开窗，增加受力

图1-14 锯齿状使开启包装变的更加方便   图1-15 成套包装便于携带，增加销售量

图1-16 既方便展示又方便携带的鲜花包装

强度，亦能更好地保护商品和提高商品档次。

③可挂式包装 包装上带有可以悬挂的结构，可利用空间巧妙悬挂。可挂式包装既可展示商品营造销售气氛，又可灵活摆放节省销售场地空间。一般选用小五金商品、文具类、眼镜类、领带、袜子等。

④成套包装 即把同一类型的商品，通过大小、高低等组合方式，形成一整套包装出售。如茶具、化妆品、毛巾、洗衣液等多以赠品方式采用成套包装，既便于消费者携带，又能增加销售量。

（3）销售性功能

促进商品销售是包装设计最重要的功能理念之一。过去人们购买商品时主要依靠售货员的推销和介绍，而现在超市自选成为人们购买商品的最普遍途径。在消费者开架购物过程中，包装自然而然地发挥着无声的广告作用。好的包装设计能够吸引广大消费者的视线，正确传达所包装商品的特性、用途、使用方法、价格、注意事项等信息，并充分激发其购买欲望，从而起到推销商品、指导消费的作用。根据调查分析，进入商场的消费者有60%左右会改变初衷。比如，原来要买低档货，最终买了高档货；原来要买甲品牌，最终买了乙品牌。这种改变，很大程度上是商品包装造成的。虽然消费者能接触的广告信息来源很多，但在实地购买时，包装对其购买行为的影响还是最直接、最强烈的。

包装的销售性功能很重要，强调包装的销售作用，但不能本末倒置，走向另一个极端。优质商品加上成功的包装设计，才是市场竞争中的强者。如果商品包装精美而质量欠佳，消费者购买上当后，第二次就不会再购买，而且在消费者中的口碑变坏，从而最终失去市场。所以，商家在实施包装销售策略时，一定要以消费者为中心重视产品质量，要摆正包装与商品的关系，谨防包装过度，切忌"金玉其外，败絮其中"的欺骗性包装。

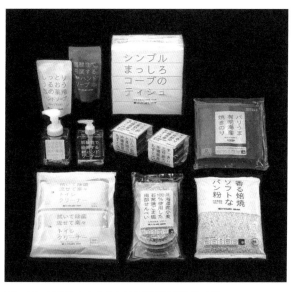

图1-17 单纯的日本文字也具有强烈的销售性功能　　图1-18 传达城市马拉松后庆祝啤酒的销售性功能

案例1-4

　　Abeeja是一个具有柠檬味道的蜂蜜品牌。在包装创意中，设计师希望通过连接"蜜蜂"这个词来打破设计边界。最终在标签上进行了切割创意，顺着切割线撕拉就会出现翅膀的造型，让消费者联想到可爱的蜜蜂形态。大面积的黄色表示柠檬口味。这个包装使Abeeja的产品创意达到极限，象征着Abeeja如同插上了翅膀，可超越其他同类产品。

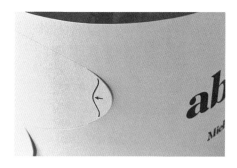

1.3 包装的分类

商品包装种类繁多，不同的情况下有不同的分类方法，常见的有以下几种分类：

（1）按商业经营习惯分类

①内销包装　为适应在国内销售的商品所采用的包装，具有简单、经济、实用的特点。

②出口包装　为了适应商品在国外的销售，针对商品的国际长途运输所采用的包装。在保护性、装饰性、竞争性、适应性上要求更高。

③特殊包装　为工艺品、美术品、文物、精密贵重仪器、军需品等所采用的包装，一般成本较高。

（2）按流通领域中的环节分类

①小包装　直接接触商品，与商品同时装配出厂，构成商品组成部分的包装。由于小包装与商品直接接触，所以，要选择与商品特性相符的包装材料，防止不良因素的侵蚀。商品的小包装上多有图案或文字标识，具有方便销售、指导消费的作用。

②中包装　商品的内层包装，统称为商品销售包装，为便于计数而对商品进行组装或套装。它具有防止商品受外力挤压、撞击而发生损坏或受外界环境影响而发生受潮、发霉、腐蚀等变质变化的作用。中包装往往被直接放在超市货架上，所以在考虑保护商品的同时，要兼顾到展示效果，起到促进销售的作用。

③外包装　商品最外部的包装，又称运输包装。多是若干个商品集中的包装。商

图1-19 个包装设计　　　　　　　图1-20 中包装设计　　　　　　　图1-21 外包装设计

图1-22 个装与中包装的陈列关系

品的外包装上都有明显的标记。外包装具有保护商品在流通中安全的作用，通常不与消费者直接接触。

（3）按包装材料分类

以包装材料分类，商品包装可分为纸类、塑料类、玻璃类、金属类、木材类、复合材料类、陶瓷类、纺织品类和其他材料类等。

（4）按防护技术分类

以包装技法分类，商品包装可分为贴体、透明、托盘、开窗、收缩、提袋、易开、喷雾、真空、充气、防潮、防锈、防霉、防虫、无菌、防震、遮光包装等。

（5）按包装内容分类

以包装内容分类，商品包装可分为食品、文化用品、儿童用品、日用品、五金、电器、药品、工艺品等。

（6）按包装质地分类

①硬包装　指充填或取出包装的内装物后，包装外形基本不发生变化，材质坚硬或坚固的包装。

②半硬包装　介于硬包装和软包装之间的包装。

③软包装　指包装内的充填物或内装物取出后，包装外形形状会发生变化，且材质较软的包装。

（7）按包装使用范围分类

①专用包装　指专供某种或某类商品使用的一种或一系列的包装。

②通用包装　指一种包装能盛装多种商品，被广泛使用的包装。

（8）按包装使用的次数分类

①一次用包装　指只能使用一次，不再回收复用的包装。

②多次用包装　指回收后经适当地加工整理，仍可重复使用的包装。

③周转用包装　指工厂和商店用于固定周转多次复用的包装。

1.4　包装设计的基本原则

如今，激烈的市场竞争，已经体现在商品的包装竞争上。包装的好与差，关系到商品在市场上竞争能力的强与弱。包装是市场的浓缩，是销售的反映。包装设计不仅要解决包装商品的保护功能，还要提高商品的附加值。因此，把握好包装设计的基本原则、理解包装设计的基本规律，对提高商品包装质量，增加企业的利润有着不可忽视的作用。

包装设计的基本原则是从包装设计的科学性、经济性、安全性、艺术性四个方面来考虑。

（1）包装设计的科学性

包装设计的科学性是指首先考虑包装的功能，达到保护产品、提供方便和扩大销售的目的。包装的实现过程须依靠一定的技术和流程，这同样需要科学的知识与科学的手段。现代包装同样是一种大生产的结果，这些大生产过程中的工程问题需要数字来提供依据，不懂得这些科学的数据便无法生产。科学的包装设计应符合人们日常生产与生活的需要，符合国家制定的规范标准，符合广大消费者的审美观和风俗爱好。包装设计绝不能是华而不实的形式主义产物，也不能单纯地强调三大功能而忽视其他方面。在生态环境保护前提下，只有不污染环境、不损害人体健康的科学性包装设计才可能成为消费者最终的选择。

（2）包装设计的经济性

包装设计的经济性要求包装设计必须符合现代先进的包装工业生产水平，做到以最少的财力、物力、人力和时间来获得最大的经济效果。包装设计要有利于机械化的大批量生产；有利于自动化的操作和管理；有利于降低材料消耗和节约能源；有利于提高工作效率；有利于保护商品、方便运输、储存陈列等各个流动环节。在包装设计中要充分考虑影响成本的包装材料、制作工艺以及运输、上架等环节。在盒形包装结构中尽量一版成型，合理选材，高效利用容量空间；在包装视觉设计上要减少印刷套色、有效控制特种工艺流程；在运输环节中要合理利用大、中、小包装之间的空间储存关系。这些都是有效控制包装成本的方法。高品质的包装可以依赖奢华的材料及工艺制作来体现，但高级的材料和复杂的工艺却不一定能够反映出包装的高贵感。因地制宜，采用恰当的包装材料和制作工艺，通过适宜的包装来准确地表达商品属性，才是确保包装设计经济性的关键。是否追求包装的高品质视觉感，其根本是由商品的诉求点来确定的，一味地追求高级感是忽视包装经济性的盲目选择，是不符合商业规律的。

（3）包装设计的安全性

安全性指包装对于商品、对于消费者都要安全、无危害。不能使商品在各种流通环节上损坏、污染；不能有消费者在开启、抓握、搬运商品时可能发生的危险。这就要求对被包装物要进行科学地分析，采用合理的包装方法和材料，并进行可靠的结构设计，甚至要进行一些特殊的处理。例如，玻璃制品包装的间壁结构不仅要起到保护商品的作用，同时还要兼顾消费者开启、拿放易碎品的安全性。另外，包装材料的选择要符合各类安全标准和环保指标，对人与环境安全无害；要遵守国家环保法律法规，控制包装原材料中毒素及重金属等各项指标。安全的包装不但应在使用期间安全保护内装商品，而且应在包装废弃后对使用者与环境不会造成影响和危害。

图1-23　包装的科学性　　　　　　　图1-24　包装的经济性　　　　　图1-25　包装的安全性

（4）包装设计的艺术性

包装设计应当具有完美的艺术性。包装是直接美化商品的一门艺术。包装精美、艺术欣赏价值高的商品更容易从大量商品中突显出来，给人以美的享受，从而赢得消费者的青睐。艺术性的本质在于简洁明了，过多的修饰内容只会造成互相干扰，使包装主题难以突出，不仅影响视觉冲击力，而且还可能误导消费者。艺术化的包装不是装饰图案的堆砌，应当尽量除去无谓的视觉元素，注重强化视觉主题，从而找出最具有创造性和表现力的艺术传达方式，激发消费者的购买欲望。

图1-26　包装的艺术性

案例1-5

右图是一款日本濑户海地区生产的土特产食品包装。包装外盒采用开窗的形式把内盒的蓝色显现出来，并巧妙形成蓝色海岛的造型。镂空的海岛与印刷在盒面的渔船、水波、鱼等图形虚实相应，把濑户内海的多岛屿特色美景描绘的栩栩如生。红色的太阳具有典型的日本特色。

案例1-6

右图是柠檬水包装。包装策略是创建26个不同的字母，每个字母代表一个口味，使每一种柠檬水都会有自己的特点和味道。这个柠檬水出售的理想场所是学校，学校的孩子们可以收集罐子，并可以使用所有26个字母的标签来学习字母表，从而给孩子们增添学习的乐趣！除了学校，这个柠檬水的其他消费场所还可以是电影院、自助餐厅、海滩等年轻人喜欢的地方。罐装将被包装在专门设计的中包装中，中包装被设计成一个外形细长的管子，每个管中盛放着4个相同口味的罐。共有26个不同的管子，每个管子代表一个字母，这样的系列销售策略，可大幅提高销售量。

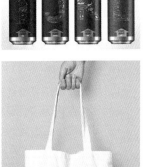

案例1-7

图中所示这款彪马包装突破了传统的鞋盒包装模式，采用可重复利用的环保袋为外包装，携带方便。内部的间壁结构一版成型，既保护了商品又节省了运输空间。单纯的红白色与醒目的彪马徽标具有强烈的品牌销售作用。

 本章小结

在当下激烈的商品竞争时代，包装担当着"无声推销员"的角色。在担负传达商品牌号、性质、成份、容量、使用方法、生产单位等职能的同时，优秀的包装往往还是商品特色的放大镜，以无声的语言传达着信息，发挥着独特的视觉传达功能。本章从包装的功能与作用、设计原则、包装类别等方面对包装如何发挥"此时无声胜有声"的效应进行了分析和探讨。

 思考练习题

1．如何理解包装设计？
2．收集你认为设计最好的两件实物包装，并在课堂上向同学们阐述理由（从包装的三大功能角度出发）。

第2章

包装发展简史

▷▷ **学习提示**

本章通过对包装的起源、成长、发展各阶段的讲述，旨在让学生了解包装的历史，理解和掌握现代包装理念、未来发展方向及我国包装现状等要点。

▷▷ **学习目标**

▶ 了解包装的起源与发展沿革。
▶ 理解包装发展及演变的社会时代背景。
▶ 掌握当代包装的设计理念。

▷▷ **核心重点**

当代包装的多种设计理念。

▷▷ **本章导读**

包装是随着人类文明的发展而发展的。在漫长的发展演变过程中，包装经历了原始萌芽时期、成长时期、发展时期三个阶段。特别是在当代社会里，在高科技的引领下，包装正经历着材料、工艺、理念等各方面的变革，形成了具有时代特征的现代包装。以史为鉴，方能明智，不失偏颇。只有了解包装的诞生、成长的演变过程以及未来的发展趋势，并了解每个过程相对应的社会时代背景，才能更好地学习当下的包装设计。

2.1　萌芽时期的包装

人类使用包装的历史可以追塑到远古时期。早在距今一万年左右的原始社会后期，随着生产技术的提高，生产得到发展，有了剩余物品须贮存和进行交换，这时开始出现原始包装。最初，人们用竹、木、植物茎叶和动物皮毛、角等天然材料，如树叶、荷叶、芭蕉叶、牛皮、羊皮、葫芦、海螺壳、牛角等包裹食物或用来做容器。这是原始包装发展的胚胎。之后随着劳动技能的提高，人们以植物纤维等制作最原始的篮、筐，用火煅烧黏土制成陶壶、陶碗和陶罐等，盛装、保存食物及其他物品，这就形成了原始包装。

利用自然物作为包装的原始包装流传至今，并在我们的日常生活中广泛使用。如用荷叶包装食品、用竹藤编制篓筐，尤其是传统节日端午节里必吃的粽子，人们用箬叶扎以彩线包裹糯米，不但形成了独特的食品造型，而且在蒸煮中把箬叶中天然的香气自然地渗入到糯米中，成为深受中华民族喜爱的"千年包装"。

原始时代的包装设计最具有代表性的，当属原始陶器的设计。新石器时代出现的陶器是人工包装材料的第一大发明，与天然材料相比，它不仅在耐用、防腐、防虫方面具有优势，而且在远距离运输、造型的多样性方面亦有长处。原始陶器的材料选择、用火烧制、造型设计、纹样装饰都集中体现了原始包装容器的基本功能作用，与直接利用自然物作材料的包装容器相比，陶器是通过化学变化，将一种物质改变成另一种物质的创造性的造物活动，是包装造型观念从二维空间走向三维空间的跨越性飞跃。原始陶容器创造出了鼎、钵、盘、碗、罐、盆等多种形态。

早期的陶器，迄今在亚洲、非洲、欧洲、美洲都有所发现。土耳其出土的新石器时代陶器表明，陶器在这个地区大约已有9000年的历史。而我国目前发现最早的较为完整的原始陶器，是河北磁山和河南新郑出土的陶钵、陶鼎、陶罐等，其年代在公元前五六千年以前。陶容器的造型为球形和半球形，有一定的形式感，在使用时能满足较大容量的需要。在湖北包山出土的公元前316年的12个密封食物陶罐被称为世界上最早的"食品罐头"，在包装工艺上，陶罐采用了纱布、草饼、竹叶、稀泥等细致的多层密封包装技术。个别陶罐还加套一个带提手的编花竹篓，以便提携与运输，在最外面又蒙上一两层绢，然后用篾或丝带捆紧，并在束带上盖上封泥，封泥下插有标签牌写着内装食品名称。图2-1的原始陶容器具有保存食物、方便使用的特点，其表面的肌理纹样显现

图2-1　原始陶器

出最初的包装已有强烈的审美追求。

　　从现代人对包装的理解来看，原始包装还不能称为真正意义上的包装，但它已经具备了包装的一些基本功能。原始包装的发展历史漫长久远，是包装发展的萌芽时期，为包装的发展奠定了基础。

2.2　成长时期的包装

　　在奴隶制和封建制的社会条件下，包装设计处于成长时期。在西方，包装的成长期大约可划分在公元前3000年到17世纪初这个阶段。在中国，则划分在公元前2000年夏王朝的建立到19世纪清王朝覆灭这段时期。包装的发展是随着人类社会的发展而发展，社会的分工、商品经济的出现，都导致了包装品类日趋增多、包装形态越来越精美、包装功能日益成熟的局面。

2.2.1　金属容器包装

图2-2　青铜酒器包装

　　约在公元前5000年，人类就开始进入奴隶社会。奴隶社会是人类发展的必然阶段，奴隶制度促进了农业和工业之间的大规模分工，使各种手工业兴起。城市建立、宫殿建造，科学开始从生产技术中分化出来。我国在奴隶社会时期逐渐形成的"百工"制度，就是社会分工的杰作。

　　4000多年前的中国夏代，中国人已能冶炼青铜器，商周时期青铜冶炼技术进一步发展。所谓青铜，就是指铜、锡、铅等元素的合金，它的特点是熔点低、硬度高，具有较好的铸造性能和机械性能。用青铜材料制作的容器，可称为青铜容器。青铜容器的色泽美观、声音纯正、造型多样、可以铸造出精美华丽的纹样。青铜容器是奴隶社会的代表，是统治阶级的专属，除了物质价值，还具有强烈的代表统治阶层地位的象征性。例如，商周时期的青铜容器体型庞大、造型雄伟、纹样威严神秘，周代的青铜容器却有一种整齐、系列、条理、规范的时代特征。从青铜容器的特点，我们可以看到当时社会的缩影。

　　春秋战国时期，专门从事商业的商贾开始出现。这个时期青铜器工艺发达，酒肉等食物包装多采用青铜容器。人们还掌握了铸铁炼钢技术，制造出大量铁壶、铁箱和金银容器。这些金属容器都普遍采用了锻造、抛光、焊切、镀、刻、凿等工艺，随着冶炼技术的提高，出现了合金材料，扩大了金属在包装容器中的使用范围。随着商业的繁荣发展，一些商家为了吸引顾客，非常注意商品的包装，于是商品包装日趋华丽，甚至有了喧宾夺主的倾向。例如，《韩非子》中曾记载了"买椟还珠"的故事：有一个楚国人想在郑国出售一颗珍贵的珍珠，他就用珍贵的香木为珍珠做了个匣子，并用香料熏香，配以珠玉、红宝石、翡翠等装饰，结果一个郑国人买下匣子却退还了珍珠。

2.2.2　漆器包装

　　漆器包装是中华民族独有的传统工艺。早在公元前4000年的虞夏时期，就有了漆碗、漆筒等木胎漆器。春秋战国时期的漆器包装品类繁多、造型多样，几乎覆盖了人们

图2-3　组合式成套漆器包装

日常生活的方方面面，如漆鼎、漆盆、漆豆、漆壶等漆容器。当时的漆容器已经有了系列化、整体化的设计思想。漆器酒具的设计都是成对、成组、成套的设计，形成功能齐全、结构合理、方便携带的整套漆器包装。例如，湖北荆门包山2号墓出土的漆器酒具包装盒，盒盖内由两道隔板分成三段；盒身内用隔板分成四段六格；盒身左侧放置漆耳杯两套，每套四件，两套耳杯杯口相对；盒身右侧放置漆酒壶两件，中间放置大小不同的漆盘；组合成一套完美的成套系列化酒具包装。

　　漆器包装的造型形成与漆器成型工艺有着直接的联系。漆器成型工艺主要有木胎、竹胎、皮胎等，制作方法有旋制、卷制、雕刻等。到了宋代，随着瓷器代替漆器作为人们日常生活的必用品，漆器包装也从实用性向装饰性、欣赏性、陈设性发展。漆器包装的装饰表现技法变得极为丰富，如彩绘、螺钿镶嵌、金银平脱、雕漆、贴金银等手法，使漆器包装色彩艳丽、金光银辉，显得格外高贵华丽。

2.2.3　瓷器容器包装

　　我国是古代瓷器的主要产地。最早可追述到商代，在六朝时达到成熟，元明为鼎盛。洛阳汉墓出土陶瓷器上用色釉写着"小麦万石""粱米""酒"等字。说明汉代已广泛使用陶瓷器作为包装容器。

　　瓷器是以瓷石或瓷土为原料，经过配料、成型、干燥、烧制等工艺流程而成。由于瓷器容器包装相对于金属容器包装和漆器包装具有原材料丰富、烧制方便、价格低廉、美观实用等特点，使瓷器容器包装从中国宋代开始进入普及阶段，一直到当今仍然兴盛不衰，独领风骚。瓷器容器包装的造型自由多样，形式各异。如瓷器碗的碗边造型，模仿花瓣而形成独特的花边造型。酒具的"玉壶春""梅瓶"的造型仍旧被当今的

图2-4　玉壶春酒容器

酒容器包装广泛采用，成为经典造型。玉壶春瓶的造型是由唐代寺院里的净水瓶演变而来。基本形制为撇口、细颈、垂腹、圈足。其造型上的独特之处是：颈较细，颈部中央微微收束，颈部向下逐渐加宽过渡为杏圆状下垂腹，曲线变化圆缓；圈足相对较大。梅瓶造型特征是小口、丰肩，器形不仅造型优雅，设计也十分合理。梅瓶小口，且一般带盖便于密封，丰肩和修长的瓶体使容器有足够的容积。

　　瓷器容器的装饰手法更是精彩绝伦，只从釉面特色来讲，就有青瓷、白瓷、黑瓷、五彩、斗彩、珐琅彩等众多分类。釉色之美和瓷面肌理也是瓷器容器的主要装饰手法，如青瓷中的梅子青和粉青色，有一种"如冰似玉"的美感，而冰裂纹、百圾碎纹、油滴斑纹理、玳瑁纹理、树叶纹理等都带给人们不同的审美感受。

图2-5　玻璃容器包装

2.2.4　玻璃容器包装

　　玻璃的发明、使用是起源于公元前15世纪的埃及，在春秋时代传入我国。玻璃是以石英石为主要原料烧制而成，其色彩鲜艳、透明、光泽美观。我国古代把玻璃又称为"琉璃"，由于中国的瓷器生产有着悠久的历史，瓷器容器包装的使用性能、制作工艺、成本价格要远胜于玻璃，所以，我国古代玻璃器皿的设计和生产，以小型装饰品居多。玻璃容器包装由于缺乏市场需求而产量很少，在当时相对于西方国家十分逊色。

　　玻璃容器包装是古埃及向地中海沿岸国家出口的重要商品，后来罗马人发明了玻璃的吹制方法，进而创造了"浮雕玻璃工艺"。到了公元3世纪，玻璃如同中国的瓷器已在罗马普通家庭的日常生活中被广泛使用。

2.2.5　造纸印刷技术对包装发展的促进

　　根据历史文献记载，中国在西汉时期已发明了造纸术，并且已经制造出植物纤维纸。东汉中期，蔡伦对造纸技术进行革新，组织生产出优质麻纸。到了隋唐时期，纸张被广泛运用于生活用品、工艺品和商品包装中。纸张的发明和运用，为包装设计的变革提供了重要的物质材料。我国是最早发明雕版印刷的国家，现存最早的雕版印刷品之一、敦煌发现的公元868年刻印的《金刚经》，版面工整、图文并茂、印制精美，是一件雕版印刷的杰作。印刷术的使用大大提高了视觉信息的传播效率，为商品包装的促销功能带来可能。

　　目前，被发现距今最早的、印刷式的带有商标、广告语、品牌名的商品包装纸出现在北宋。在宋朝张择端作的《清明上河图》中，可看到当时市场的繁华，商品经济的逐步发展推动了包装的商业化和批量化。许多茶食果品、药材膏丸的包装纸上印有"百年老店，货真价实""真不二价，童叟无欺"等包装用语，例如，名为"济南刘家功夫针铺"的雕刻铜版印刷，已经初步具有现代包装的广告促销性。在设计上，其中心位置画着一个手拿钢针、形态生动、造型完整的白兔图形商标，上方横置一条反白醒目的店铺名称"济南刘家功夫针铺"。兔形商标两侧写有"认门前白兔儿为记"的广告语，下方写有"收买上等钢材，造工夫细针，不误宅院使用，客转为贩，别有加饶，请记白兔"的广告文案。这件图文并茂、黑白有致的包装纸设计作品，可以用铜版印刷的方式大量印刷，标志着我国包装设计发展已经跨入了一个新阶段。

　　中国古代的造纸技术与印刷术曾在世界各地广泛传播，为商品包装的发展提供了有利的条件。欧洲直到公元1243年才出现了雕版印刷品，公元1450年，德国人古腾堡第一次开始使用活字印刷术，比中国毕升发明的泥活字印刷晚了400多年。

2.3 发展时期的包装

2.3.1 19世纪中叶到20世纪初的包装设计

图2-6 19世纪欧洲的酒包装，充满自然主义有机形态

图2-7 19世纪欧洲的香烟包装，突出曲线装饰

包装的成长时期缓慢悠长、历经数千年，其主要原因是人类一直处于手工业式的自给自足的农业经济。封建社会制度造成广大人民群众无法脱离物质匮乏的生活窘况。商品经济发展缓慢，商品没有市场竞争，造成了包装设计主要以保护功能为主。当欧洲在18世纪步入机器大生产时代时，现代工业和市场经济已经确立，大量工业产品涌入市场，市场竞争极大地推动了商品包装的发展，商品包装的促销功能从此被确认下来。19世纪至20世纪初，是商品包装的快速发展时期，这段时期的包装也被称为"近代包装"。

19世纪至20世纪初，人类科学技术水平突飞猛进，大量的发明创造给包装材料和包装工艺带来了日新月异的发展。金属、塑料、各种合成纸等新型包装材料登上了包装发展的历史舞台。包装加工工艺也由传统的手工制作被机械加工代替，机械加工的动力从火力、石油演变成更为稳定的电力。这些变化都为包装设计的发展带来了强有力的物质基础。

在设计思想上，欧洲也经历着一场翻天覆地的变化。其主要内容是，围绕着设计的目的是为少数统治阶级服务，还是为提高广大劳苦大众的生活质量而展开。例如，发生于1864年的英国"工艺美术"运动和19世纪末法国的"新艺术"运动，都是对服务于统治阶级的烦琐、复杂的"维多利亚设计风格"的反对，也是对当时的工业化风格的强烈反映。由于机械生产的产品在当时还不成熟，产品外形笨拙、丑陋，导致众多设计师对工业产品的抵触，他们从自然当中寻找装饰动机，大量采用卷曲的动物纹、植物纹，在装饰表现上突出曲线、有机形态。所以，这个时期的包装设计从表面的装饰效果上看，无不显现出当时的时代特征。

2.3.2 20世纪初到第二次世界大战结束后的包装设计

包装成长期的第二个阶段是20世纪初到第二次世界大战结束，现代主义设计思想风起云涌的阶段。这个时期的设计思想是探索如何彻底改变设计服务对象，真正为广大

图2-8 20世纪上半叶极具构成主义风格的包装

图2-9 条理性取代了繁复缛节的曲线风格包装

人民服务；如何解决工业产品在功能上、方便上、安全上、形式上的众多问题。这期间出现了荷兰"风格派"运动、苏联构成主义运动，他们都强烈提出，工艺美术运动和新艺术运动的曲线风格不适于机械化大生产。强调简洁、单纯的直线风格才是符合工业社会、降低成本、提高效率的造型形式。特别是德国包豪斯设计学院提出的"艺术与技术统一"的口号，对于这个时期的设计思想具有深远的影响。

这个时期的包装设计，在受到现代主义设计思想的影响下呈现出以下特征：

①商品包装要解决的根本问题是要适合机械化大生产，强调包装设计的"功能主义"设计思想。不再是以追求包装形式为设计的出发点，注重包装设计的科学性、合理性、方便性和经济效益。

②在表现形式上提倡非装饰的简单几何造型，直线的、构成主义。由具象表现演变为抽象表现。繁复的装饰造成不必要的开支，导致成本提高，产生浪费。反装饰是这一时期包装设计形式表现的意识立场。

2.3.3　20世纪50年代到90年代的包装设计

1950—1990年是资本主义国家经济高速发展阶段，这段时期被称为资本主义国家的"丰裕社会"。人类首次登月成功，核原料成功利用，太空技术的发展使西方国家的人们普遍认为自然资源是取之不尽、用之不竭的。富裕的市场带来了超市的出现，完全打破了传统意义上的商品销售模式。商品包装作为"无声的销售员"在市场竞争中的作用越来越明显。超市的出现几乎引发了一场包装设计的革命。因为消费者的购买行为从此发生了近乎是质的变化，从过去的询问售货员，一手交钱一手交货式的购买方式，变为自己识别商品，选择商品，而且可以用手去拿货架上的商品。起初这些商品多局限于食品和小百货一类的商品，后来发展成几乎所有的商品甚至电视、电脑、家具。这种产生于商业上的革命不可能不对商业包装产生全方位的设计革新。这时期包装设计的特点也更加突出体现包装的宣传功能，加大商品包装的迅速识别度，运用设计的各种手段和技巧，使商品在超市的货架上成为真正的自我推销员，使其更加醒目。

现代科学创造了高度发展的物质文明和无比丰富的物质产品，但也在某种程度上唤起了人性中"恶"的一面，导致物欲横流、金钱至上、道德沦丧、价值崩溃，使人变得狭隘、自私、片面。六七十年代的西方国家进入丰裕的物质生活和"有计划的废止制度"商业模式，使人们陷入一个用毕即弃的消费观念。这个时期的包装设计主要表现为豪华、奢侈、过度包装的设计模式，装饰形式受到英国"波普"艺术的影响，表现为色彩艳丽、造型奇特、图形杂乱的视觉特征。由于资本主义的商业竞争模式，使包装在社会的可持续发展过程中，扮演了负面角色，既严重地浪费了社会资源，又污染了自然环境。

经过70年代的石油危机，人们意识到地球有限的自然资源需要倍加珍惜。西方国家受经济不景气的影响，回收再利用的包装设计观念应运而生。由于国际贸易的迅速扩大，全球市场经济趋于一体化，此时的现代主义设计思想逐渐演变成国际主义设计风格。具有代表性的即是德国的"乌尔姆设计学院"，其宗旨是功能主义、理性主义、构成主义的结合，提倡的是科学性、系统化、标准化、模数化的设计理念。在包装设计上则表现为，强调包装的功能、高度理性化、秩序化、系统化，更加注重人体工程学、销售心理学在包装设计中的应用。

然而，这种高度理性的国际主义设计风格，以不变应万变的设计思想，随着20世纪90年代中国、香港、台湾、韩国、巴西等国家经济的崛起，越来越显现出其固有的局限性。这些具有悠久历史文化的国家，开始探索如何在适应全球化贸易的发展趋势下，既能保持自己本国、本地区的文化特点和设计风格，又可以体现国际主义设计表现特征。例如，这个时期日本提出的"轻、薄、短、小"的包装设计思想，使"轻量化""小体积"的设计风格在国际上受到热捧。

图2-10　粗大的食品包装，造成资源浪费

图2-11　简洁、单纯的化妆品包装

图2-12　清新雅致的日本包装

2.4　当代的包装

20世纪90年代以后，设计呈多元化趋势，各种设计风格先后出现。人们对以"功能主义"为中心，强调标准化、规范化生产的国际主义包装风格开始厌倦。同时，包装设计日益从重视功能性、合理性转到重视感情、人性化的方面，注重包装结构，包装色彩、文字、图文的编排形式等传达要素与消费者的亲和关系。在形式上则更注重艺术性的追求，使之自然地表达商品的内涵，用一种心理攻势撞击人们的情感。包装设计的思维也逐步地变被动为主动，主张在保障功能的基础上以更多的形式美感满足人们更高层次的需求。绿色包装、人性化包装、品牌包装等设计理念成为引人注目的亮点，并逐渐形成一种潮流。

2.4.1　绿色包装设计

绿色包装是20世纪90年代以后，包装设计发展的一种必然趋势。绿色包装是指对生

图2-13　天然、淳朴、可爱的绿色包装

态环境和人类健康无害，能重复使用和再生，符合可持续发展的包装。从技术角度讲，绿色包装是指以天然植物和有关矿物质为原料，研制成对生态环境和人类健康无害，有利于回收利用、易于降解、可持续发展的一种环保型包装。也就是说，其包装产品从原料选择、产品的制造到使用和废弃的整个生命周期，均应符合生态环境保护的要求。

绿色包装之所以为整个国际社会所关注，是因为环境问题与污染问题不分国界，全人类的生存正面临着严峻的考验。所以，在各国政府的倡导、各国民间组织的努力下，可持续发展的绿色包装设计观念应运而生。

绿色包装设计可以从减少包装材料的种类和数量来考虑。有的商品包装为了吸引消费者，提高商品档次，尽可能地使用多种材料做包装，这样就丧失了包装简易、方便的功能。绿色包装设计在包装材料的选用上要注重可降解、可回收的功能。可降解材料在光合作用下或土壤和水中的微生物作用下能在自然环境中逐渐分解和还原，最终以无毒形式重新进入生态环境中回归大自然。聚乙烯薄膜塑料就是一种无法降解的包装材料，但即使成本再低，也应该减少使用。市面上曾经非常流行的一次性泡沫塑料饭盒不仅不可以回收利用，而且埋在地下长期不易腐烂，对它进行焚烧又对环境造成污染，因此，必须禁止使用。发展绿色包装，还要尽量避免使用木制包装，大力发展再生材料的纸包装。森林是人类生态平衡的基础，木材的肆意砍伐给人类社会带来的灾难是不可估量的。纸原料主要是天然植物纤维，在自然界中会很快腐烂，不会造成环境污染也可回收重新造纸。绿色包装设计还可以通过图形、色彩等视觉信息，唤起消费者的环保意识。例如，包装上附有环保标志或通过文字提醒消费者不要乱丢弃包装废弃物等。

图2-14　选用天然材料的绿色包装

案例2-1

右图是日本每日新闻"卫生纸"的包装设计。该包装表现重点不是表达诸如柔软、弹性、细腻等卫生纸通常的自身属性。而是以写实的树干表皮视觉肌理效果引导消费者注重环保，节约用纸的消费理念，诉求保护环境需要从每个人自身做起的社会责任。该包装准确而有效地传达了"每日新闻"这家新闻传媒企业的环保理念，建立商品和消费者之间的识别和认同关系。

2.4.2　人性化包装设计

　　人性化设计理念是现代设计追求的一种"以人为本"的设计精神。同所有设计一样，当代的包装设计也在提倡"人性化理念"和"人文关怀精神"。随着生活水平的提高，人们的消费观念逐渐改变，消费者购买商品不仅要获得物质享受，更要获得精神上的满足和情感消费要求。因此，人性化包装设计要强调与消费者的情感交流与沟通，处处体现对消费者的关怀，以朴实、诚恳和真实交流的人性化姿态，引导人们消费，激发购买欲，并在此过程中满足消费者物质与精神的双重需求。

　　人性化的包装设计是站在消费者的角度替消费者着想，充分考虑所设计的商品包装使用是否方便、是否灵巧便于携带、是否安全可靠以及是否与环境协调等因素。商品包装的尺寸和规格应适合消费者对商品的平均消耗速度，特别是应保证在商品保质期内，包装的内装物能被正常消耗完毕，避免浪费。如为了方便消费者在户外旅游时使用，利用金属氧化原理开发的自热方便罐头，就可使罐内食品自动加热。再如自冷式饮料可以在罐内装有压缩的CO_2小容器，在开启时体积迅速膨胀，可在9s内使饮料温度下降到理想温度，使消费者在户外任何地方都能喝上清凉爽口的饮品，使人们在欣赏大自然风光的同时切身感受到高科技产品对人的关爱之情。

图2-15　方便携带开启的包装

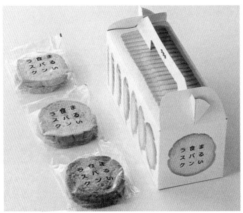
图2-16　分量包装、巧妙保鲜的食品包装

图2-17　使用方便的日用品包装

案例2-2

　　当前网上购物已成为人们日常消费的一种主流方式。右图这款包装希望创造一个人性化的可持续的包装材料回收政策。于是在街道边设置了专用可回收的装置，当消费者使用完毕后可以把包装投入回收箱并得到奖励。企业通过这种聪明的方式与消费者建立起更深层的关系。

案例2-3

　　右图和下图是由百事可乐公司拥有的风味水包装。商品特点是消费者可以根据喜好自己调配口味，包装内配有柑橘、猕猴桃、草莓等风味冲剂以及液体增稠剂。这款人性化的包装可以满足不同消费者对口味的个性需求。

案例2-4

　　右图这款包装的瓶盖与瓶身可以压缩变成扁平状，通过挤压瓶身就可以把瓶内的液体彻底倾倒干净。瓶身压扁后也非常有利于回收，可节约大量的运输空间。

2.4.3　品牌化包装设计

　　品牌化包装设计是当今国际包装设计中一种较普遍流行的形式。它是一个企业或一个商标、品牌的不同种类产品，用一种共性包装特征来统一设计，形成统一的视觉形象。把统一的品牌标志、统一的图案及文字字体在同一个空间中不间断重复，形成统一的整体美感，具有很强的视觉冲击力，令顾客产生信任感。

　　品牌化包装设计具有扩大影响、形成品牌效应的功能。市场竞争的发展导致任何一种畅销的产品，都会迅速被仿制，商品之间的差异性变得越来越模糊，商品使用价值的差别也显得微不足道。这种商品同质化现象使商品的品牌形象显得日趋重要。在品牌化包装策略中，一是强调品牌的商标或企业的标志为主体；二是强调包装的系列化以突出其品牌化。品牌化包装设计的六大统一（牌名统一、商标统一、装潢统一、造型统一、文字统一、色调统一），强化了商品的视觉冲击力，提升了消费者对商品的关注程度，使消费者对商品的牌名、商标、形象等产生比较深刻的印象，成功地在消费者心中树立起企业的品牌形象。

　　品牌化包装可以缩短设计周期，方便制版印刷，节约生产时间和成本。品牌化包装在造型、文字、装潢、色调、商标、牌名等方面的统一，可以大大缩短包装设计的周期，节约很多的设计时间，从而使设计者有更多的时间为新的产品设计。在印刷阶段，由于部分印版的共用，大大节约了包装成本，也节省了一定的制版时间。采用品牌化包装设计还可以扩大产品销售量，如很多品牌的化妆品包装，在保持整体设计风格的同时，使用品牌形象突出的较大包装容器，将各种化妆品进行集合包装，作为一个销售单元进行整体销售，价格相对便宜，不仅可以吸引更多的消费者购买，而且一买就是一套系列的商品，扩大了商品的销售量。在激烈的市场竞争中，品牌化包装的促销作用日益明显，越来越受到人们的重视。

图2-18　视觉形象高度变化统一的品牌化包装

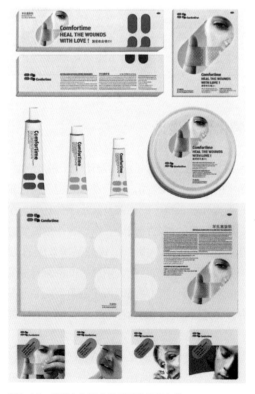

图2-19　以标志为核心的系列化品牌包装

案例2-5

图中所示的是百事可乐旗下的高档果汁品牌Fuelosophy果汁，厂家每年每种味道，只生产1万瓶，全部由世界最优质的水果制成。历年的包装图形有抽象、摄影、插画，风格上有夸张、特写、概括等丰富多样的表现手法。但是，为了突出Fuelosophy品牌，包装始终醒目出现Fuelosophy品名和统一的容器造型。

图2-20　以"Kashi"为核心的系列化品牌包装

2.4.4　智能化包装设计

智能包装是指具有积极的、主动的包装功能（如吸收释放某些气体，抗菌，抗氧化等），有别于被动、惰性的盛装和保护功能的一类包装。随着科技的不断发展与进步，未来微电子、电脑、工业机器人、图像传感技术和新材料等在包装机械中将会得到越来越广泛的应用，一些新型智能包装产品正在不断涌向市场。如气调包装、抗菌包装、温度显示包装、新鲜度显示包装、吸氧包装、自加热/自冷却包装、吸湿包装等。随着我国老龄化问题的日益突出，药品包装有望成为我国未来几年智能化包装增长最快的应用市场。

虽然智能包装是未来包装发展趋势，但是目前还没有规模化实现，高成本是阻碍其发展最大的问题。智能包装强调了商品在流通过程中的信息感知和传递，能够携带信息的智能包装技术，包括条形码（barcode）和无线射频识别（RFID），能够感知商品的身份、出厂日期、新鲜度、储存环境、价格等信息。下面介绍智能包装的几个特点：

（1）RFID技术和标签

RFID无线射频识别技术是一种非接触式的自动识别技术，它通过射频信号自动识别目标对象并获取相关数据，识别工作无须人工干预，可工作于各种恶劣环境。RFID技术可识别高速运动物体并可同时识别多个电子标签，操作快捷方便。目前，RFID无线射频主要用在物流链管理和物联网上，由于RFID标签是一种非接触标签，因此是物流链管理中物品定位的首选标签，同时也是物品分流管理的首选标签。预计，RFID技术的智能包装将在快递及邮政业、航空运输业、企业内部物流管理等方面得到广泛的运用。

（2）二维码

二维码是智能包装广泛使用的一种技术，已经得到市场的认可并广泛使用。通过一台智能手机，"扫一扫"就能获得该二维码的相关信息。二维码是我们日常接触最多的智能包装，目前在食品、药品及其他零售商品上得到广泛使用。如可口可乐包装上的二维码被置入了智能芯片，具有温度感应、声音感应的功能。消费者只要扫一扫可口可乐包装上的二维码，就会立刻发出悦耳的音乐声，给包装带来了具有新鲜感和娱乐感的体验。

（3）可变数据条形码

可变数据条形码是一个新颖的防伪技术，它的使用过程是在商标印刷过程中赋予每一张商标一个唯一的数据条形码，并把条形码数据通过互联网传递到指定的专用数据库。消费者只要使用智能手机扫描可变数据条形码的商品，就可以通过互联网上传指定数据库进行校对，查看绑定的数据，以便确定商品的真实性。该类智能包装技术在高档商品、奢侈品包装的防伪技术上得到广泛的使用。

2.4.5 无障碍包装设计

无障碍包装设计是建立在无障碍设计概念基础之上的，它利用图形、文字、色彩等多种视觉符号，对包装上的各个信息进行综合性设计，并通过有效的表达方式对信息技术进行完善和改进，以确保包括残障人士、老年人、孕妇、儿童等弱势群体的消费者，能够舒适、方便、安全、快捷地无障碍使用。

包装的无障碍设计主要通过视觉和触觉两种感官来实现。

（1）有关视觉的无障碍包装设计

视觉是消费者获取信息的最主要方式，有视觉障碍的患者可能无法像大部分人一样准确地通过视觉获取商品信息。如色盲、弱势、高度近视都会影响消费者对商品包装信息的获取。再如，幼儿会由于智力、心理发展的不成熟，或知识、经验的不足无法理解包装信息的含义，甚至产生误差。在日常生活中不乏幼儿由于不认识或错误理解商品信息而导致的事故。老年人的视觉器官随着年龄的增长逐渐衰退，他们在阅读字体较小的文字说明时会出现困难。同时，老年人的思维水平也会有不同程度的下降，这都会影响他们对商品信息的获取。

针对视觉无障碍包装设计中的图形设计与普通图形有着很大的差别，尤其对于一些老年人和识字能力较弱的儿童。这时的图形语言设计，通常要强化包装上的主体形象，使其具有趣味性和创意性，将主题性的、个性化的设计元素进行放大，在整个版面中占据绝对中心位置，使用强烈的对比手法来突出主体。例如，为了避免儿童因阅读困难而忽视重要信息的情况出现，设计师可利用儿童感兴趣的故事性说明方式来进行表述，这样既可以吸引儿童的注意力，又比那些说教式的文字更方便儿童认知。

包装上的文字设计必须易读、易认、易记，以便使这些弱视群体更准确、轻松地获取包装上的文字信息。字体应该尽量放大，尤其是针对老年人、视觉疾病患者，商品名应该比普通商品名的字体更大。此外，文字的颜色应该与背景颜色之间具有较为明显的对比度，避免由于文字和背景颜色的相近造成阅读的不便。文字段落之间的间距要恰当，一般行间距以1.5倍最佳，以减少文字之间的密度；文字尽量不使用竖向排列的方式，如果文字竖向排列时，也应该使文字编排具有一定的视觉流程，并加大行间距与字间距的区别，突出文字方向。

对于色盲或色弱患者，为了弥补视障对色彩分辨的不足，设计师在进行色彩搭配时，最佳的色彩设计方案就是使用对比较高的色彩组合来显示重要信息。另外，色盲群体只能分辨出黄色系、蓝色系及灰色系，容易混淆绿色、黄色与红色的组合，灰色与青色的组合，蓝色与紫色的组合，因此，包装上的重要信息以及医药化工类的标签中最好不要使用此类颜色进行搭配。

（2）有关触觉的无障碍包装设计

在欧盟，触觉无障碍包装设计已经被强制性引入有关商品外包装制作的法规中。欧盟颁布的《人类药品包装2004/27EC》规定中要求，所有欧盟成员国从2005年开始必须在所有药品外包装中设置由布雷尔盲文组成的药品名称。我国也于2008年起开始以浙江省为试点，开始了在药品外包装中加入盲文的尝试。这一举措在浙江省范围内受到了广大盲人患者和家属的欢迎，有很强的实用性和推广性价值。

如对于老年健忘症患者来说，按时吃药是一个难题，而如果需要在不同时间服用不同的药品，更是一个复杂的任务。这时如果在包装上设置可触摸式移动滑块，就可帮助患者辨别是否已经服过药，避免重复服用。

图2-21　带有盲文字的包装

案例2-6

可口可乐曾经做过把消费者的姓名印制在可乐罐上的创意并获得了很大的成功。但是，患有视觉障碍的人群却无法感受，于是可口可乐发起用盲文在可乐罐上印制姓名的活动。该活动进行了一系列的包装技术改造，对应的盲文罐装可乐自动售卖机也被开发出来。这个尊重残障人士的活动在社会上受到热烈响应，取得了很好地品牌营销效果。

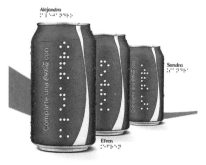

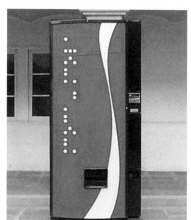

2.4.6　交互式包装设计

交互式包装与传统的包装设计相比，最大的不同在于关注用户与包装之的互动关系。交互式包装设计能够利用特殊的肌理材质、丰富的视觉语言、新颖的功能对消费者的体验进行直接或间接的影响，促成消费者同商品包装之间的行为互动与感情互动，有效提升品牌的竞争力。在信息多元的当下，人们已经厌倦了一成不变的包装设计形式，互动体验的包装设计将是一种颠覆性和创新性的设计。交互式包装设计呈现出的文化性、情感互动和娱乐属性，更易于被大众接受、带给人们深刻的印象。交互式包装设计创意形式通常可以从下面几点考虑：

图2-22　加上瓶盖变身成保龄球的包装

（1）包装结构的交互

从包装结构上将，设计师不仅要考虑如何方便现实包装工人或机械的操作，还要考虑其到了消费者手中后如何被解开，此结构是否方便于产品的取出，以及再次闭合可能产生的牢固问题。包装结构的交互可分为单体结构互动法和辅助结构互动法两种。

单体结构分解互动指通过折叠、拉伸、缩短、扭曲等手法对原有包装形态进行改变，以增强其视觉效果或拓广其功能，从而实现感官交互或功能交互的包装设计手法。辅助构件是一种依附于包装主体构件、不可独立存在的包装结构，是包装的辅助与延伸。在包装中添加一定的辅助构件，从而建立起辅助结构，能够为原本稀松平常的包装外观增添新元素，帮助消费者与包装建立更多的互动机会，令消费者获得更好的商品体验。

案例2-7

　　右图和下图是一款具有中药药效的茶饮料包装。包装结构巧妙分成12个单盒，每个单盒各代表一个时辰，12个单盒分为日、夜两组，每组6盒。6个单盒固定在一个底座上，这种结构既可以拉伸成吊串状，也可以卷曲成圆形状，以表达时钟的意向。12个单盒上印有对应茶包的中药材图形，消费者打开包装就宛如打开一贴中药。这种通过拉伸、折叠的互动包装与消费者产生了良好的情趣体验。

案例2-8

　　右图是一款获得日本2017年包装年鉴金奖的作品。这款红茶包装为了增加使用者饮茶的乐趣，在茶包中设计了多种多样的立体造型，如同在舞台上表演。不同的颜色与造型代表不同红茶口味，这种具有打开拉伸、空间变换的互动性，为消费者增添了趣味。

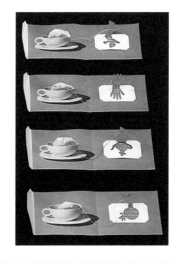

(2) 使用情景的交互

　　情景交互包装设计是要让包装成为商品与消费者的交流平台，让商品的包装与消费者之间在技术和艺术两个层面上进行信息与情感交流。消费者可以将自己的观念和感受体现在包装设计上，让情感和观念得到快速地传播。包装的情景交互式设计，强调一种人性化的沟通与交流，体现了人性的尊重和关怀，使包装变成了一位情感演说家，述说商品与消费者的愉悦体验。

　　例如，老年人药品包装文字设计最基本的要求就是清晰、醒目，我们很容易想到的应对办法也许就是加大字号。但是，药品包装上需要提供的文字信息很多，如用法用量、禁忌、贮藏方式、生产日期、产品批号、有效期、批准文号等信息可以说缺一不可，如果全用大号字，版面空间无法容纳。此时，把药瓶的盖子设计成一个简易放大镜，让老年人在药品包装上想读哪里就能够清晰地读到哪里，轻松地查看药瓶上的说明文字，从而保障正确服药，这就是一种人性化的使用情景交互设计。

图2-23　剥开糖衣的情景交互包装设计

图2-24　橘子秒变胡萝卜的趣味情景
交互包装设计

图2-25　蜜蜂采蜜情景图形交互

案例2-9

　　俄罗斯设计师把化妆品牌"Naked"的包装设计成具有柔软曲线，类似于人类赤裸的身体的形态，其色彩和光泽度给人一种皮肤的错觉，给人以特殊的感官享受。在形状上，它摒弃了瓶罐设计惯用的流线型，起伏的、不规则的瓶身看起来个性十足。有趣的是其情景交互创意非常巧妙，当消费者触碰包装表面时，它就会像活物一样给你回馈，被碰区域会温柔地泛起红晕，又像是稚嫩的皮肤受了轻伤。之所以会有这样的变化，是因为设计师用到了感温变色涂料，手部的温度直接促使这些涂料从肤色转变成红色。通过这种消费者和商品的情景互动，设计师巧妙地营造出商品温和无刺激的特性，同时又增加了商品的趣味性。

（3）视觉形象的交互

　　人们通过五感来与外部环境交互，但从外界获取的信息有80%是靠视觉获取的。视觉信息是由图形、色彩、文字等符号元素构成的可视形象，它是构成包装视觉形象的主要元素，同时也是最能表现商品包装语义的设计元素。将交互式理念有针对性地应用到包装视觉形象设计中，抓住消费者的消费需求和使用需求，就能促使消费者产生浓厚的购买兴趣。

　　在各类产品领域中，大多数品牌的商品看上去几乎一模一样。这时，包装就需要借助独特的外在视觉形象，从混杂的包装展示中脱颖而出，实现在商品挑选过程中与消费者的视觉交互，在视觉形象上引起消费者注意并产生共鸣，使消费者感觉到其特别之处并形成知觉，最终做出购买行为。视觉形象交互设计可以从图形、色彩、文字、材质肌理等方面考虑。

　　①图形交互　让图形参与到交互式包装设计之中，即巧妙构思图形在包装设计中的位移以及具体位置关系，通过仿生、拟人、写意、夸张等表现手法，突出整体图形在包装设计中的变动性和特殊性，其赋予了消费者独一无二的视觉感受，生动与形象地体现出了商品的直观属性，与消费者产生了良好的情感互动。例如，一款祛痘药片的包装设计，为了向患者表达其药效功能"祛痘"就像挤药片一样容易的药品属性功能，巧妙地在铝板上印有长着痘痘的卡通人脸图形，患者想要拿出药片就必须把痘痘挤破。挤破痘痘时，暗含着药到病除，传达吃下药片后，痘痘就能治愈的药效信息。

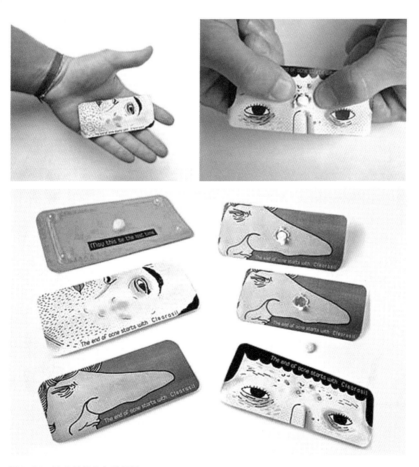

图2-26　祛痘药片的包装设计　　　　　　　　　　　　图2-27　包装盒打开的前后对比

案例2-10

右图是一款无糖口香糖的包装设计。包装印有大而醒目的红色嘴唇图形，中心部分镂空开窗直接露出商品形态。白色口香糖的形态被形象的演化成牙齿，通过抽拉商品的交互举动，创建了一个俏皮的互动包装形式。表达了保护牙齿、牙龈，还能保持牙齿洁白明亮的功能，体现了给消费者带来笑容的商品特性。

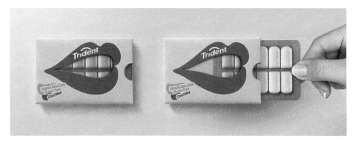

②色彩交互　色彩具有强烈的视觉冲击力，易引起消费者关注和传递商品信息。交互式包装中的色彩情绪明确、热烈，可以轻松地突出商品的本质属性，刺激消费的购买欲望。例如，金色包装表现出的是高贵奢华；黑色包装传递出的是冷酷和低调之情；白色包装给人带来清新与简约的视觉感受。通过对颜色的辨别，消费者能够感受到商品传递出来的情感倾向。

案例2-11

荷兰马卡龙法式蛋糕店的商品包装，采用白色与高纯度色相对比，刺激消费者的感官系统，使人们的注意力集中在美味可口的糕点上。设计师希望通过艳丽的色彩将美食的愉悦与感性相混合，利用令人垂涎的高纯度色块，以增强消费者的感官体验以及购买欲望，唤起消费者对美食的兴趣。消费者看到紫红色，就能够推想出浓郁、酸甜的味觉感受；看到青色则会推想到其清淡平真之味。多彩的食品图片使得商品包装同商品本身更加"表里如一"，从而大大提高了商品售卖率，促进了与消费者的良好互动。

③文字交互　包装的文字交互是通过字体为消费者提供相关的商品信息和内容，让消费者借助文字获得提示并与商品产生互动。包装中的字体可进行随意的拼接与组合，以产生一定的趣味性，在此过程中可使商品包装具备智力开发、游戏娱乐等附加性功能，提升了商品包装的可利用性与消费者的互动性。

案例2-12

重庆的江小白酒是定位于80、90后的青年群体。针对毕业季的大学生，江小白特别推出了毕业留言定制包装瓶，学生可以把最感人的照片和最想对同学说的话定制到包装上，包装的瓶型、颜色、图像等都可以在网络上由学生参与设计再最终确定。江小白的定制包装强调受众的参与、想象、互通，能激发受众的情感和心理共鸣，有利于心情的表达，"留言"大大加强了消费者与包装设计之间的情感互动。

---

④材质肌理的交互　在包装设计中，设计师利用不同特性的材料对自然肌理加以模仿，使消费者联想和想象，让消费者看到包装时怦然心动，达到情感的共鸣。《考工记》中记载："天有时，地有气，材有美，工有巧，合此四者，然后可以为良。"其中"材有美"指的就是材料的美，在包装材料中，纸张、塑料、玻璃、金属、陶瓷等材料有着不同的质地和肌理效果。如石头古朴、沉稳、庄重、神秘；木材自然、拙朴、健康、典雅；金属工业、力量、现代、精确；玻璃整齐、光洁、艳丽等。材料自身的特点加之与人的亲密关系，使其不再是冷冰冰的物体，而是情感交流的实体，能给消费者带来不同的视觉效果，使其产生不同的情感体验。

案例2-13

不同商品的物理属性需要采用不同的包装材料。触觉感官体验是由包装材料本身材质的肌理造成的，通过对包装物表面材质肌理质感的直接接触，在人的生理和心理的相互作用下产生综合印象，刺激消费者的知觉系统，产生不同的情感互动。右图是一款日本酒包装，将传统的软木材质和高科技玻璃材质结合在一起，采用模压装饰工艺，在瓶壁上压印出繁密的纹样，使整个包装外观呈现出一种尊贵、现代之气，带给消费者一种想要触摸的好奇感，这种包装材质肌理带来的触觉体验能让消费者感受到商品的个性和品质。

2.5　我国的包装设计

在包装的整个成长时期，中国的包装发展一直处于世界前列。然而，19世纪以后，西方资本主义经济高速发展，中国却沦落为半殖民地半封建国家，使中国的包装产业远远落后于西方国家。

中国的整个包装历史可划分为传统包装、近代包装和现代包装三个阶段。

中国包装历史第一个阶段——传统包装阶段，所涉及的时间漫长而久远。包装毕竟是商品社会的产物，在工业化时代到来以前，它的发展是不完备不充分的。传统阶段的包装虽然没有我们当代意义上的商品竞争和促进销售的功能作用，但两者有着包装的共性，即都具备保护产品的功能。从包装的保护性出发，有关中国包装起源的文字记载，至今尚无据可查。目前，令人信服的，有关对包装较早的记述是，描述西汉商人通西域时的情况。当时的商人为保护瓷器在漫长运输途中的安全，商人们用混有植物种子的泥土包裹在瓷器外层。由于路途漫长，泥中的种子生出根系，纵横交错，形成了一种牢固的防护。这可以看作具有保护功能的早期包装设计。

中国包装历史第二个阶段的划分，可以从1840年鸦片战争开始到1949年新中国成立的一百多年间，可称为中国近代包装。这一阶段的文化特点是中西合璧，这一特点也适合于中国的包装设计。这一特殊的形成因素十分复杂，大致来自两个方面：一是西方外力的渗透；二是本土文化对西学的吸收。但起初主要是外力的作用，鸦片战争爆发的直接结果就是西方列强打开了中国市场，大量的洋味十足的广告、宣传品涌向中国。起初，这些洋广告、洋包装老百姓看不懂。外国商人后来发现，中国家家户户有挂画、贴画的习惯，于是他们利用月份牌做他们的商品广告。为了适应中国文化和审美习惯，外国商人以重金聘请中国本土画家设计绘制。于是中国近代包装具有了中西合璧的特征。

中国的现代包装阶段是从1949年新中国诞生之后开始的。新中国的建立，为我国包装事业的发展带来了广阔前景。1956年，清华美院的前身——中央工艺美术学院成立，这是我国第一所培养高级工艺美术专业人才的高等学府。学院中设有包装装潢专业，具有现代意味的、科学的、自成体系的包装设计教学体系逐步确立。60多年来培养了大批包装设计人才，为我国包装事业的发展奠定了坚实的基础。此后，中国包装技术协会、中国包装进出口公司、中国包装联合总会等一批包装实体企业及研究机构相继成立，加速了我国包装事业的发展。

从新中国成立到20世纪80年代初，我国的经济虽然发展较快，但相对于如今，国内的物质供给匮乏，商品求大于供，几乎没有市场竞争。包装设计只重视保护与说明功能，包装设计的缺乏致使我国的商品在国际市场中身价大跌，削弱了正常的市场竞争力。80年代后，随着市场的竞争和销售模式的改变，企业开始重视包装的广告效应和促进销售的作用，他们急需有好的包装设计为产品赢得市场。而当时国门初开，受外来文化的冲击，部分消费者形成崇洋求新奇的消费心理，使商家追求商品包装的"洋气"，而传统文化包装则显得"土气"。在此冲击之下，设计师乃至商家一时不知所措，模仿成了那段特定时期包装设计的主流。

目前，我国的经济和设计都处在快速的发展过程中，包装设计在国民经济中的地位越来越重要。我国包装工业2002年的产值在国民经济各主要行业中的排位已由20世纪80年代的第37位，上升到了第14位。根据国家统计局的资料显示，中国包装工业的总体产值从2005年的4017亿元增长至2015年的16900亿元，年复合增长率约15.45%，2017年中国包装工业整体产值将达19000亿元，位居世界第二。过去十年间，我国包装工业中各主要子行业产值对包装工业整体贡献率基本稳定。这充分说明，我国包装设计所蕴含的巨大市场。庞大的包装市场促使包装设计教育产生跨越式的发展，目前，我国已有一千多所综合高等院校设有艺术设计专业，包装设计课程成为艺术设计专业的主干课程。每年培养近十万的艺术设计人才，为我国包装设计事业的蓬勃发展奠定了坚实的人才后盾。

今天，当我们在市场上看到设计新颖、美观的商品包装时，不由得为中国包装设计带来的变化而欣喜。但是，我们也应该认识到，与发达国家的包装设计相比，我们的包装设计还存在着较大的差距。例如，有着悠久历史文化的中国，却没有像日本那样在包装设计中体现出自己独特的民族文化精神，形成自我的民族风格。这种差距虽然与国内包装设计发展历史有关，但也与人们对于设计的认识和重视紧密相联，中国的设计师应该在多元文化背景下进行更深层次地思考和探索，挖掘出符合本民族审美习惯和属于自己的设计风格。唯此，才可使中国的包装设计屹立于世界之颠。

图2-28　清代宫廷包装

图2-29　中国传统书籍包装

图2-30　中国传统酒包装

图2-31　具有时代特色的酒包装

本章小结

　　包装设计的发展一直伴随着人类文明和文化的进步,是重要的商品交流手段和方法,当下,新技术、新材料的应用成为当代包装设计的重要特征。中国有着悠久的包装设计历史,形成了独特的设计思路和发展道路。本章从包装的萌芽、成长、发展三个阶段,讲述了包装设计与时代背景的关系,从中探究对于当代包装设计具有启迪式的借鉴意义。

思考练习题

1．人类文明的进程对商品包装设计发展的影响是什么?
2．当代包装设计的特征是什么?
3．简述我国包装设计的发展历程。

实训课堂

课题：举例说明社会时代背景对包装设计的影响。
1．方式：以PPT形式汇报。
2．内容：学生自行分组（三人一组）,围绕课题内容去图书馆、资料馆、博物馆等地,收集包装发展的历史文献以及相对应的包装实物图片。学习整理资料,用自己的观点举例说明社会时代背景是如何影响包装设计发展的历程。
3．要求：观点鲜明、脉络清晰、图文并茂,PPT不少于30页。

第3章

包装设计的程序及方法

◇ **学习提示**

本章通过对包装设计的流程、定位、构思及表现形式的讲述，旨在让学生了解包装设计的程序及设计方法，理解和掌握包装设计中对实用性、商品性以及审美性的不同要求。

◇ **学习目标**

▶ 掌握包装构思的多种角度及表现形式。

▶ 掌握包装设计的方法。

▶ 理解包装定位的三种基本方法及各自特点。

▶了解包装设计程序的每个环节。

◇ **核心重点**

包装的设计定位形式及设计方法。

◇ **本章导读**

包装设计是一个科学、系统、严谨的程序化设计，先要有前期的调查分析，才可进入设计创意阶段，设计创意要符合包装生产的市场、技术、材料等要求，最终通过客户的评价鉴定，才能是一个成功的包装设计。包装设计不是一个孤立的设计任务，它是一个包括设计定位、构思、表现方法的各个程序的系统设计，每一个环节都无比重要，只有环环相扣、不脱节，才能顺利地完成一个包装设计项目。

3.1 包装设计的一般流程

包装设计通常包含整合策划、视觉设计与设计执行三个阶段，这三个阶段是互相依存、缺一不可的市场传播利器。在包装设计的实际操作中，必须立足于企业现状，并结合行业、市场、消费者特点，为企业进行度身订造；必须要策划先行，注重策划与策略对包装设计的有效指引，深度挖掘核心利益点，产生"磁铁效应"。策划、策略是灵魂，包装设计是策划、策略的视觉表现力，执行是设计品质的保障，三者相结合，将起到事半功倍的作用。好策划决定包装设计的准确性与推动力，有了主线的包装在各类型终端中，也就有了更好的展示效果，"好包装就是广告，好包装就是营销力"，依靠好包装就能形成对消费者的"眼球吸引力"，实现包装拉动销售的目的。

包装的整合策划与视觉设计有一套规范化的流程，只有严格遵循流程，才可以使设计工作少走弯路，顺利完成。包装设计一般分为：前期阶段（策划）、设计阶段（设计）、实施阶段（执行）三个阶段。由于包装设计的实用性和商品性以及审美对象的不同，时代、地域、民族的差异使包装设计不同于纯粹意义上的艺术设计。包装设计的特点使得设计者在材料的选择、设计的定位、造型的确立、容量的大小、结构的选择和装潢的处理等方面受到了诸多限制，而这些方面也是设计者与客户沟通的基本点。

3.1.1 前期阶段

前期阶段是一个整合策划阶段，其任务是与客户有效沟通，达成合作意向。进行资料收集与比较，了解客户需求，分析现有资料。深入沟通包装定位，分析、了解法令规章，研究设计限制条件，确定正确的设计形式。一般包括以下步骤：

（1）了解产品本身的特性

产品的特性包括产品的重量、体积、强度、避光性、防潮性以及使用方法等，不同的产品有不同的特点，这些特点决定着其包装的选材和包装方法，包装设计应符合产品特性的要求。

（2）了解产品的目标消费者

由于顾客的性别、年龄以及文化层次、经济状况的不同，造成了他们对商品的认购差异，因此，产品必须具有针对性，只有了解该产品的目标消费者，才有可能进行定位准确的包装设计。

（3）了解产品的销售方式

产品只有通过销售才能成为真正意义上的商品，产品经销的方式有许多种，最常见的是超市货架销售，此外，还有不进入商场的邮购以及直销等，这就意味着所采取的包装形式应依据销售方式有所区别。

（4）了解产品的相关经费

产品的相关经费包括产品的售价、产品的包装及广告的预算等。对经费的了解直接影响着预算下的包装设计，而每一个委托商都希望以少的投入获取多的利润。所以，包装设计的预算要合理。

（5）了解产品包装的背景

产品包装的背景包括委托人对包装设计的要求、企业有无CI计划、掌握企业识别的有关规定、明确该产品是新产品还是换代产品、所属公司旗下同类产品的包装形式等。如果产品有明显的地域消费差异性，则需要在不同的地域展开调查。熟悉和掌握这些背景，以便制订正确的包装设计策略。

（6）包装市场现状的了解

根据目前现有的包装市场状况进行调查分析，包括听取商品代理人、分销商以及消费者的意见，了解商品包装设计的流行性现状与发展趋势，并以此作为设计师评估的准则，总结归纳出最受欢迎的包装样式。

（7）对同类商品包装的了解

及时掌握同类竞争产品的商业信息，从设计的角度，对竞争产品的包装材料、包装造型、包装结构、包装色彩、包装图形以及包装文字等进行分析。分析竞争产品的货架效果，了解它们的销售业绩。

3.1.2　设计阶段

通过前期阶段的调查、分析，设计者要对调查得来的信息进行综合性地分析，提出商品包装视觉设计的初步设想计划和要表现的内容。其中包括要使商品包装设计达到什么样的预想效果，应当采取哪些具体措施等，以供企业商定。

包装设计是实用性的设计艺术，是美化的艺术，它既是文化的产物同时又是商业行为。所以，从设计艺术学原理出发，其视觉设计阶段紧紧围绕着"实用性"这个中心和前提，所设计的包装实用性是第一位的，实用性决定从属和制约，并将美的要求和实用融为一体。而体现实用性的首要因素是要求包装结构非常合理，所以在预算控制下的材料的选择取舍、容量的大小、工艺的处理等方面是前期设计阶段不可忽视的要领。

包装设计阶段具体可分以下步骤：

（1）确定包装材料

通过包装设计的设想，在计划费用开支确定后，即开始进行包装设计的实施方案。设计师要根据市场调查的情况，根据产品的性质、形状、价值、结构、重量以及尺寸等因素，选择适当而有效的包装材料。

（2）确定包装造型

在确定包装材料并充分了解材料及其性能之后，就要开始设计特定的产品包装定型结构。设计中要从保护商品、方便运输、方便使用、促进销售等方面着想，还必须考虑产品的生产工艺及现有的自动包装流水线的设备条件，来确定包装的造型结构。

（3）设计图稿

在确定并综合上述因素的基础上，进入包装装潢的创意设计工作，进行各种设计构思，充分发挥想象力、创造力，以不同风格的构图、色彩、图形、字体构成几个具有明显差异的视觉形象和视觉传递效果的设计图稿，以供企业选用。

（4）样稿制作

客户对不同风格的设计图稿，进行认真地选择，经过慎重地推敲，为了确保销售效果，作进一步的修改加工后，选择其中的两三个进行小批量印刷包装，并送到市场去试销，听取消费者的意见，以验证包装功能的可靠性及包装装潢设计的合理性。

包装的最终目的是为了销售与方便使用。如何吸引顾客的注意力，展示商品的诱惑力，提高商品的竞争力，找准群体与个体消费心理的不同特性与规律，从而通过合理的设计来满足消费者的不同需求，就需要设计师从上述四个方面系统地思考，不能片面地强化某一方面，应在系统思考方法中进行分析和解决，才能更合理地使商品包装设计达到市场要求。

3.1.3 实施阶段

经过一段时间的市场试销测定，通过各种测试数据的收集比对，检验该包装方案是否能够达成最初的包装整合策划与视觉设计的目标，是否真正具有市场竞争优势。根据消费者所反馈回来的信息，可以确认最受广大消费者欢迎和好评的其中一个包装方案，即可以开始正式的大批量生产销售。

包装测试的数据可包括：①视觉测试，在同类商品中是否被第一时间所关注；②距离测试，在有效范围内是否看得清楚商品名、商品属性、商品色等主体信息；③联想测试，是否准确意识到商品的属性；④品牌测试，留存的品牌记忆度；⑤消费者测试，关注该包装人群的年龄、性别、职业、收入等。

对于包装容器的设计方案，在实施阶段时应有产品制图，并提供尺寸与结构。产品制图应该绘出造形的正、侧、顶、底的平视图，要准确标明各个部位的高度、长度、宽度、厚度、弧度、角度等，要具体绘出结构关系。制图必须复合国家标准。

对于平面印刷品的设计方案要详细绘制出包装盒的展开图，利用计算机进行辅助设计，要符合印前工艺的要求。

由于市场是发展变化的，产品入市后的结果往往难以准确预测，因而不可能一开始就有成熟的包装设计。只有通过市场的检验，舍弃设计中不合理的成分，才能达到完善商品包装的目的。如世界著名品牌"可口可乐"的早期注册包装是喇叭玻璃瓶造型，由于同类产品"百事可乐"推出了大塑料瓶受到市场的欢迎，为适应市场，可口可乐公司随即改变了传统的单一包装造型。

3.2　包装设计定位

　　包装设计定位是20世纪70年代初欧美国家首先提出的一种包装设计思想。其英文为"Packaging Design Position"，Position指位置、方位，Packaging Design为包装设计。国外设计界对定位设计所下的定义为：定位是企业在经营过程中，为适应消费者的不同需求，在市场细分化的基础上，努力使产品差别化，从而在消费者心目中占据位置、留下印象的营销方法。没有竞争就无须定位，由于竞争中产品自身差异化的减小，更加需要确定一个使自己产品区别并突出于同类产品的定位。因此，包装设计定位是一种具有战略眼光、目标明确的设计思想。

　　在进行包装设计定位之前，首先要了解企业推出商品的诉求点。一般情况下，有下面一些诉求可能性：①企业推出新品牌；②推出新商品；③同时推出新品牌、新商品；④旧商品推出新概念。

　　了解了商品定位，接下来的设计定位要从五个方面出发考虑：①是什么？指包装设计首先要告诉消费者，这是什么商品。②是为谁设计？指这种商品的销售对象是谁。③什么时间？是设计的时间依据，每种商品都有自己的生命周期，"适时"是包装设计的重要原则。④什么地点？指的是设计师不要忘记商品的时空定位。⑤为什么？指的是要辩证地考虑，为什么用这样的视觉形象作设计。

　　包装定位设计的具体方法可把包装信息分为三个方面传达，即品牌定位（我是谁？）、商品定位（是什么商品？）和消费者定位（卖给谁？）。

3.2.1　品牌定位

　　品牌定位是利用企业形象视觉设计系统建立统一形象，即将商标、品牌形象和企业形象统一化，通过运用企业标准色、标准文字以及其他共同特征来消除信息的互异性。以同一品牌的统一形象来区别其他不同的品牌，以利于消费者对品牌和企业形象产生认同感，从而得以从众多的竞争商品中突显商品个性。

　　品牌定位首先要向消费者表明"我是谁"，要求在包装画面上主要突出商标的牌名。此种定位，主要用于高知名度企业的商品包装设计。因为，商标一经注册即受国家专利法保护，所以一般一个厂家不管有多少生产产品都通用一个商标，避免使消费者产生视觉识别上的混乱。如白沙集团的"白沙"品牌香烟，以软包、硬包，或以精品白沙1代、2代，极品白沙来区分不同档次、不同味道、不同销售对象，但所有商品都通用一个牌名，只是略改变其包装设计，让不同消费层次的消费者便于识别。

　　在当今竞争激烈的市场经济中，鲜明的品牌形象，不仅仅是衡量一个品牌成功与否的重要标准，也是衡量一个企业的标准。纵观世界著名的品牌，我们都能在脑海里浮现出它们独特的品牌形象。"万宝路"（Marlboro）的西部牛仔形象，"麦当劳"（McDonald's）的快乐、亲和的形象，"奔驰"（Mercedes-Benz）的庄重、尊贵的形象，无不彰显着成功品牌的骄傲。在当今普遍存在信任名牌、崇尚名牌、追求特色的消费心理下，一旦消费者对某一品牌产生了偏爱，当其对此类商品有需求时，无疑消费者就会购买该品牌的商品。所以，用品牌定位进行包装设计构思，具有十分重要的意义。

　　品牌定位设计要考虑到以下四个方面：

（1）突出品牌色彩

色彩在视觉艺术中常常有先声夺人的力量，有"远看色彩近看花""七分颜色三分花"之说。商标形象一般都选定一种或几种色彩来表现，成为能给消费者以较强的视觉冲击力的标志色。商标形象的色彩不宜多，也不宜少，色彩简洁明快、对比强烈是其核心。色彩比文字更易引起人们的注意，使用企业形象标准色或辅助色，可令商品包装形成独特面貌。例如，海尔电器的蓝色、星巴克的绿色，都带给消费者深刻的地印象。

品牌色彩定位设计及应用应遵循传达性、独特性、系统性三大原则。具体来讲，应注意以下问题：①在众多商品包装中能吸引注意力并有清楚的识别性。通过色彩设计及运用，增强包装的吸引力和视觉冲击力，以捕捉消费者的视线，并明确区分品牌的差异。②准确、真实地反映商品的内容特性和品牌的个性，突出品牌主体形象。通过色彩设计及运用将商品的相关信息真切、自然地表现出来，使消费者能被色彩设计所显示的情调和情绪所感染，认知品牌的个性，引起共鸣，产生好感。③有效地表示商品的品质，与其他视觉设计要素和谐统一。④被目标消费人群认可、接受，并起到加强记忆的作用。

案例3-1

这是一款喜力推出的无醇非酒精啤酒。众所周知，喜力啤酒的品牌色是绿色。本款包装为了突出"非酒精"与传统啤酒的区别，在留有绿色的基础上，开发设计了蓝色。蓝色虽然削弱了消费者对喜力熟悉的绿色印象，但也确保消费者可以很容易区分酒精和非酒精啤酒之间的差异。从构图、图形、文字上说，这种新的包装与传统的喜力包装完全相同，保持了原有的品牌形象。包装告诉消费者，如果你想喝通常的有酒精的喜力啤酒，你应该马上把它放下来；相反，如果你正在寻找无酒精的喜力，蓝色正是你所想要的。

（2）突出标志和辅助图形

图形是品牌包装视觉设计中不可缺少的部分，它比文字语言传达得更为直接、明晰，也更容易记忆。品牌包装中的图形主要有标志图形和辅助图形两类，标志图形是识别品牌的重要图形元素，是品牌信誉、质量的象征，本身具有很强的品牌形象性，它的运用要注意规范性和统一性。辅助图形相关形象涉及的内容较多，但无论具体是哪种图形、何种表现角度和表现方法，此类图形的目的都是为了更清晰明了地表现品牌的具体形象、鲜明个性、使用方法，增加文化内涵和增强形式美感等。

总体来说，品牌包装中的图形对消费者的刺激较之文字更直观、更强烈、更有说服力，并往往伴有即效性的购买行为。所以，品牌包装中的图形设计必须运用恰当的图形语言和图形表现方式创造强烈的视觉冲击力，以吸引顾客注意为中心，以准确传达品牌信息为目的，以展现鲜明视觉个性为原则，直接塑造品牌形象，推销品牌。另外，企业吉祥物也起到形象识别的作用。例如，肯德基的山姆大叔形象作为标志图形，总是出现在肯德基产品包装的醒目位置；长城图形作为长城葡萄酒的辅助图形，常被设计成包装的背景图形。

图3-1　突出标志和辅助图形的包装（1）

图3-2　突出标志和辅助图形的包装（2）

案例3-2

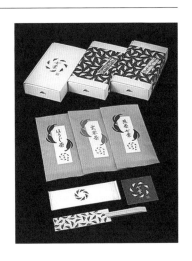

　　右图是一款来自日本的"七叶"抹茶包装。Logo是七片叶子环绕的圆形图案，直观地体现了品牌含义。该商品为了体现日本特产与民族传统文化，色彩系统采用了传统的"和风"色系列。包装把Logo的元素"叶子"拆解开成为辅助图形，进行大面积地有规律排列。辅助图形很好地展现了茶叶的商品属性，表现出一种充满活力的特色，增加了亲和力与识别度。

案例3-3

　　百事可乐品牌图形家喻户晓，1945年以来，百事经历了八次换标，始终保留了蓝色与红色全球定位的"笑脸"图形，及中央弧形白色带状。针对消费群体为年轻人的百事可乐来说，紧跟时代潮流，使自己恒久保持着一种青春涌动、活力进射的状态，就得不断地调整自己的品牌建设和品牌图形。

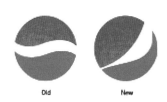

Old　　　　New

案例3-4

右图是加拿大VIVE Sparkling Water系列饮料包装。使用开头字母V作为标志符号，象征胜利、强大和卓越，它有助于消费者对产品的关注，同时帮助消费者清楚风味的变化。由于标签的透明度，水果的形象给人以沉浸在水中的感觉，这样可以使消费的产品可视化。V字母强调了现代感和吸引力，传递出质量优异的意念。

（3）突出品牌文字

品牌形象文字包括品牌名称、商品名称、企业标识和名称。这些文字是代表商品品牌形象的文字，是包装设计中主要的视觉表现要素之一，通常要求精心设计，具有易读性、艺术性、独特性和较强的视觉冲击力。品牌文字设计要有鲜明的个性和丰富的视觉内涵及表现张力，能给消费者留下深刻印象并产生好感。品牌文字字体在直接作为包装设计的主元素时，不应用外在的图形、颜色等进行辅助设计，而是凭借文字，字母本身的结构、笔画、组合等方面出发，进行商品内涵的传递。广告宣传性文字，即包装上的"广告语"是宣传商品特色的促销性宣传文字，其内容应诚实、简洁、生动，并符合相关法规的要求。广告宣传性文字用稍有变化的字体，应奇中有平，并有较强的可读性和编排秩序感，易读性好，视觉表现力度不应超过品牌名称，以免喧宾夺主。

品牌文字通常置于包装的显著位置，品牌文字经专门设计，富有代表性又别具一格，是重要的视觉形象识别手法之一。利用文字的装饰特征是品牌名称间相互区别的显著手法，能给消费者一目了然的视觉效应，使其在享受文字设计的美感同时轻松记忆了品牌名称，如可口可乐流畅的花体字、雀巢咖啡的英文变体等。

图3-3　突出品牌文字包装　　　　图3-4　从标志中取局部作为一个焦点元素，突出品牌文字的包装

案例3-5

右图是在日本婚礼、祝寿等传统场合中使用的商品，由百年老字号"龟钳屋"藤冈染织工厂出品。包装直接把汉字"龟"设计为品牌文字，品牌字占据了三分之一的面积，形成了强烈的视觉冲击。"龟"采用厚重的宋体字，凸显了历史积淀，色彩选用了醒目的黑白对比。"龟"字的满版排列也增加了品牌字的识别度。

案例3-6

"摘个果子"是个微商品牌。如何让罐头这一个记忆中的传统品类受到新一代年轻人的喜欢，新Logo在包装设计上更加突显了品牌文字，比老包装的文字更加硬朗和现代，符合年轻人的审美，同时强化了品牌文字的易读性及视觉冲击力。新包装还增加了一些与消费者互动性的文案，以增加与消费者的亲近感。

（4）突出品牌系列化

系列化策略在包装设计中运用得极为广泛，一家企业或某一品牌下的同类型商品采用系列化的包装方式，在商业空间展示、销售时，既可以突出企业形象、强化品牌识别，还能给消费者留下整齐统一的视觉印象。同时，采用系列化的策略，也可以使市场上表现较为成熟的商品带动新开发商品的销售，大大降低宣传成本，充分发挥包装作为"销售媒介"的作用。系列化设计拓展了品牌在货架上的传达面积，提高了品牌的出现频率，使商品在销售环境中获得了识别上的主动。系列化包装又称家庭包装，是指把同一商标品牌，不同种类的商品用一种统一的形式，如统一的色调、统一的形象、统一的标识进行统一规范设计。

①系列化包装设计的作用

·有利于宣传品牌、提高企业知名度（强化印象）；

·有利于产品的发展（有利于开发新产品，节省新产品设计时间）；

·具有良好的陈列效果（面积大、冲击力强）；

·具有良好的整体性（视觉效果统一协调、鲜明有力、更能突出商品特征）；

·扩大销售（消费者对其中一件满意，必然引起对系列产品的信任感，无形中扩大销售）。

②系列化的类型

·商品系列化：同一品牌，内容物不同；

·形态系列化：盒装、袋装、瓶装、管装；

·大小系列化：按体积大小分类；

·消费者类别系列化：男、女、老、少。

图3-5　容器造型有变化的品牌系列化包装

案例3-7

右图这款品牌系列化啤酒包装很好地利用了色彩的系列变化，不同的口味用不同的背景色提示。所有口味的包装都统一使用"Red-hook"品牌字，徽章式样的红色文字有强烈的透视感，构图突出、大而醒目。统一的Logo、构图、版式，使这款系列化包装整体形象统一，陈列效果突出，品牌形象鲜明，整体上给人以高品质、值得信赖的感觉。

案例3-8

绝对伏特加（Absolut）家族拥有一系列产品，包括绝对伏特加、辣椒味、柠檬味、黑加仑子味、柑橘味、香草味、红莓味、红柚味绝对伏特加等众多口味。但其包装容器依旧沿用单纯的瓶形，表达纯净、简单、完美的品牌理念。绝对伏特加的平面广告已渗入了多种视觉艺术领域，如时装，音乐与美术。但无论在任何领域中，Absolut都能凭借自己独特的包装容器造型与品牌的魅力，吸引众多的年轻富裕而忠实的追随者。绝对伏特加的潜能不仅蕴涵在口味纯正的伏特加酒中，而且还隐藏在别出心裁的酒瓶和包装设计中，这为Absolut最终被打造成一个卓越品牌提供了必要的品质保障，并预留了张扬个性的空间——瓶形。所有广告都以瓶形为特有符号展开，不断寻求突破，在相同中制造不同，建立不断更新的印象。

图3-6　突出产地台湾

3.2.2　商品定位

明确告诉消费者这是"什么商品"，使消费者通过包装上的图形、色彩、文字等了解产品的属性、特点、用途、用法及档次，在销售中起直接介绍产品的作用。

商品定位的设计更强调了商品的特有性格，如果没有自己的品牌特色，没有新的观念意识就难以满足人们的求新欲望和喜新厌旧的本能。在包装设计中强调商品的差别化，要求设计应突出商品形象，真实地、一目了然地表现内容物，给消费者以可信性。设计还需运用色彩表达商品信息，注意色彩的象征性在人们心目与印象中的习惯影响、但又要避免同类产品的雷同化。同时设计中的字体处理也应贴切地反映商品的特定性格与品质感觉。

商品定位一般有产地定位、特色定位、类别定位、用途定位、档次定位和时间定位这6种方法。

图3-7　突出欧洲产地

（1）商品产地定位

对于土特产品的设计，突出产地定位尤为重要。在设计中应致力于渲染地域的优势。同时产地特色地域文化也可以用来设计定位，但是必须是大家熟悉的。带有浓烈的民族特色风味的商品，应从民族的传统包装材料、图案装饰中寻找素材，表达出与别的商品截然不同的独特性，以奇制胜。

案例3-9

右图是一款加拿大Whitetooth啤酒，因当地的滑雪胜地"戈尔登"而得名。整套包装设计定位就是以商品的产地特色为核心。Logo设计以户外冒险与瑞士风格为灵感，两个W交织而成的徽标象征牙齿。大胆的色彩组合，漂亮的户外景观，让人期待每一种啤酒的味道与个性。插画中展现出来的地标、季节与地形体现出戈尔登周边地理、地貌的丰富多彩。包装风格将饮酒客与狂奔的肾上腺素联系起来，使消费者感受在旷阔的加拿大户外做极限运动的狂野感觉。

案例3-10

右图是一款来自日本的锦鲤清酒包装。锦鲤是一种观赏性鲤鱼，在纱锭形状的身体上有着漂亮的彩色印记，可以定义为有着美妙的体型、印记或颜色的非食用鲤鱼，被称为"活着的珠宝"。1918年，第一条锦鲤在日本新潟市诞生，新潟清酒厂便坐落在那里。这个具有纪念意义的事件，促使这款包装的设计定位采用了商品产地定位。为了突出锦鲤的形象，包装与瓶身大胆使用白色，把鲜红的锦鲤图纹应用在酒瓶上，瓶身塑造成锦鲤的形状，盒子上的鱼形窗口创意更是精彩绝伦。

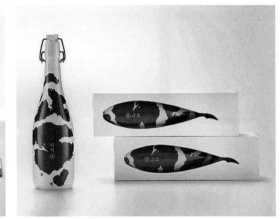

案例3-11

右图是一款在美国布鲁克林区的有机水果冰棍包装。在布鲁克林区的康尼岛，从屋顶可眺望标志性建筑摩天轮。为此，标识引用康尼岛的标志的视觉语言，把商品标志结合成抽象的摩天轮形态。冰棍是由种植在天台花园的新鲜有机水果为原料，在木栈道上售卖。它们可以在海滩上享受，也可以在熙熙攘攘的游乐园里探险。包装具有明显的产地和消费场所特征。

（2）商品特色定位

同类商品间因原材料、生产工艺、使用功能、造型、色彩等各不相同，各自具有一定的特色，因此，在包装设计中就应该强调这些特色，以区别于其他同类商品。以商品具有的特点来创造一个独特的推销理由，尤其是一般化的商品，不应放过任何微小的特点。有些同类商品质量相当，各自的表达方式也很接近，就应体现出构思的精心以突出商品特色。

有些商品是经过几代人甚至几十代人的苦心培育和经营的产物，有着悠久的历史，流传着不少充满神秘和传奇色彩的神话传说。在这种商品包装设计定位中，突出商品的历史和文化内涵，无疑能够大大提升商品的形象和经济价值。例如，绍兴的"花雕酒"酒坛包装就是一个很好的例子。清《浪迹续谈》中记述了一个民间传说：相传一富者生了一女，满月之时，这个富者便酿了几坛酒藏到酒窖里。十八年后，他的女儿要出嫁了，富者便把当时储藏的酒拿出来，并在酒坛外面绘上"龙凤吉祥""花好月圆"、"送子观音"等喜庆图案，作为女儿的陪嫁礼品。因为酒坛外面漂亮的彩色图案，人们就把这种酒形象地叫做"花雕"。此后，"花雕"便成了绍兴人生儿育女的代名词，时至今日，若某人家生了女儿，人们就会戏称"恭喜花雕进门"。花雕酒也因此深入人心。

图3-8　早期的绍兴花雕酒包装

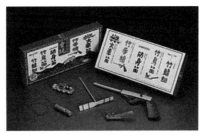

图3-9　强调儿童商品特色定位　　图3-10　瓶身的凹凸雕花象征欧洲的罗马柱

案例3-12

右图是一款来自西班牙的葡萄酒包装。该酒采用种植于西班牙的歌海娜葡萄，葡萄藤已有百年历史，完全手工采摘。藤根是西班牙传统酿酒师常用的恢复本土记忆的工匠美学元素，西班牙设计师利用这个标志性的设计，在包装上大面积地绘制了藤根的图形，借以表达该款葡萄酒的特色所在。包装上同时使用手写笔记和盖章的图案，传达出酿造者对品质的关怀和细节的追求。此葡萄酒包装方案利用商品酿造的独特性，侧重于树立国际消费者的形象，捕捉个性，让大家在品味的同时有更好的品牌享受。

案例3-13

右图是一款七喜饮料包装。当前网络化的发展越来越迅速，给人们带来了方便，人们足不出户就可以购物、吃饭、游戏，而各种网络新词汇也充斥在年轻人的生活中，不论是"土豪、有钱、任性"，还是"奋斗、独立、自信"，都是新一代青年的时尚标签。此包装抓住当前的流行语，进行商品特色定位，传达七喜紧跟时代潮流的品牌特色。

（3）商品类别定位

不同商品具有不同的商品属性，如酒类、饮料类、化妆品类等，不能混淆。同样，同类商品也有多种品种，如化妆品，究竟是护肤霜还是营养霜？是口红还是眼影膏？是何种香型的香水？再如奶粉中又有全脂、脱脂、半脱脂、母乳化、多维奶粉等众多品种。包装设计中需要强调包装产品是属于哪一类商品，以有助于表明各自产品的特性。让消费者得到十分明确的而不是模棱两可的信息，以便找到最适合自己口味的商品。如苹果电脑包装，为了具有自己鲜明的特色并区分同类产品，采用极其简约的设计风格。包装通体只采用黑白两色，与同类商品相比，构思创意独特，别具一格。

图3-11　用不同颜色定位商品的多种口味

图3-12　用不同图形定位商品的多种口味

案例3-14

右图是一款来自英国的中成药品包装。虽然是产自于欧洲，但中成药作为一种符号已经是东方文化不可替代的一部分。所以，在包装创意上必须要为中成药这样的商品类别来定位。这款商品的草药来自亚洲，供应商也深受中国文化的影响。如何充分体现"中成药"的商品类别，又要明确是来自英国的威尔士品牌，既要尊重它的产品来源，但也不能像同类品牌一样太过"亚洲"。于是，在包装创意上舍弃了一些老生常谈的龙、阴阳、汉字等元素，设计了一系列身怀绝技的中国功夫人物角色来充当"Warriors"（健康卫士）。每个角色都巧妙地反映了产品药性，搭配独立的色彩，这样产品系列之间就有了差异性。至于logo，设计了一个"Master"（大师）徽标做品牌的代言人，也充当包装的封口。

图3-13　夏天清凉饮料的定位

(4) 商品用途定位

　　商品用途是包装设计不可缺少的一个要素。在包装上必须准确地说明该商品的使用方法、使用程序、产品功效等。这是每一个消费者都关心的问题。如果标识不明确会导致消费者使用不当，产生不良后果，特别是药品和食品类的包装更应标识清楚。可以通过文字说明和指示性较强的图案标识来引导消费者，禁止夸大和欺诈行为。一种产品可以只有一种用途，也可以有多种用途。如牛奶可作一般饮料、也可以作辅料，如做咖啡伴侣、做点心、做汤等。应利用这些不同的专门化用途的定位点去迎合消费者购买商品时的针对性心理。

案例3-15

　　右图是3·11日本地震之后，可口可乐面向地震灾区儿童设计的商品包装。鲤鱼是灾区特有的、当地人民非常喜爱的动物。为了让灾区儿童早日忘掉地震带来的恐惧和增加对新生活的期待，设计师采用了点、线、面抽象图形和跳动的构图，加之黑、白、红三色的强烈对比，使包装具有活泼、现代的感觉。特别是生动的鱼眼，给包装增加了灵动的气息，给人眼前一亮的感觉。

(5) 商品档次定位

　　商品包装要讲究信誉，应当表里如一，这是一条不应违背的设计原则。一般说来，价格反映产品的质量水平。设计者要根据产品价格来考虑包装装潢设计，这就牵涉到商品档次定位的问题。档次定位恰当，可以确切地说明商品的身价。不能把低档次商品的包装设计得很华贵，使得生产成本及销售价格提高，从而增加消费者不必要的负担；也不能把高档商品的包装设计成低档商品的包装，与商品的身价不相符。要让消费者看到外包装就能判定该商品的档次和价格，否则会形成误导，损坏商品的声誉。

图3-14　礼品用面粉包装

图3-15　礼品用大米包装

图3-16　礼品酱油包装

案例3-16

右图是一款饼干的包装。为了体现商品的档次，包装采用了马口铁材质包装罐。繁复的图形纹样，再搭配视觉冲击力极强的色彩，以及金属色调与非金属色调的对比，在保持清新观感的同时，给消费者以高贵典雅的感觉。金色logo则以浮雕的形式展现，丰富了整个外包装的层次感。马口铁罐的结构设计打破传统的边框结构，使其可以无缝隙堆叠在货架上，优化了Piccadilly系列饼干在陈列架上的观感，整体上彰显了商品的档次感。

（6）商品时间定位

"适时"是包装设计的重要原则。每种商品、每种包装都有自己的生命周期，因而不同的商品、针对不同的消费对象会有不同的"适时"原则。同类商品于不同时间使用的品种特点也是定位设计应予以考虑的内容。如食品中"电视食品""旅游食品"；

图3-17　抓住游戏"刺客信条"的热点适时设计包装　　　　图3-18　只针对德克萨斯音乐节的百威淡啤限量包装

案例3-17

下图是海飞丝在巴西足球世界杯期间的商品包装。包装创意利用"适时"原则，在全世界都在关注世界杯的同时，结合热点适时推出新的包装。包装以畅快、狂热、激情的画面风格，寓意消费者在世界杯的快乐中熬夜狂欢，过把瘾后用这样包装的洗发水滋润跃动的发丝，同样会有世界杯激情跃动的感觉。马赛克的视觉风格，非常吸引人。

化妆品有"早霜""晚霜"的区别等，虽是微妙的差别性，但在设计中应抓住消费者心理的变化。

3.2.3　消费者定位

消费者定位主要考虑商品"卖给谁"的问题。这是包装设计中不可忽视的一个重要问题。要让消费者通过包装就能感受到该商品是否适合自己。消费者定位就是选定目标受众，细致分析受众的审美观念和品位，以确定切实有效的设计风格。随着经济发展、物质丰富、商业繁荣，消费中的群体特征出现了很大差别。设计师只有依照市场多样化、差别化的规律，针对某一消费群体的需求和潜在需求，才可能在设计中"领导新潮流"，让消费者一目了然地透过包装设计感受到这款商品是专为某一特定人群而设计制造的，使定位设计成为一种有效的销售战略。

案例3-18

以独特的、与众不同的包装外形出奇制胜的农夫山泉"尖叫"系列饮料是企业实施产品差异化的策略。产品消费者定位是面向追求个性的年轻群体。"尖叫"饮料包装瓶与众不同，打破了常见饮料的圆筒形直上直下的造型规律，而是以螺旋扭曲式瓶形出现，色彩以纯正的全红、全绿或全蓝等直接展示在受众眼前，有很好的视觉冲击力。其独特的瓶口开口设计也与众不同，不是旋钮式，而是拉拽压合式。这些都体现了商家针对年轻人的需求而进行的创新设计，让感性的年轻消费者在终端市场上第一次见到包装就深深地喜欢而不可自拔。

图3-19　面向喜好酸辣消费者的包装

（1）社会层次定位

可以先从消费者的社会层次状况来考虑，如性别、年龄、种族与文化背景等。设计中可采用写实手法（彩色照片或手绘）如实表现消费者的形象。可采用色彩的色相、明度、冷暖调子隐喻消费对象的定位特点，还可运用具有特定象征意义的符号与图形，以迎合各民族、各地区消费者的爱好，也是消费者定位的有效设计手段。

（2）生理特征定位

消费者具有不同的年龄、性别等生理条件的差异，也成为包装设计的定位条件之一。如为某些特定年龄层消费者使用的儿童玩具、服饰品、化装护肤品、滋补营养类物品等，都需有相应的定位风格式样。某些具体的生理特点也可成为定位的考虑条件，如为儿童设计的玩具包装就应该体现适龄儿童的喜好，应用卡通造型的手法、夸张的色块等以吸引儿童的注意力。再如护肤品与洗发香波的品类中限定了"油性""干性""中性"的品质区别等。同时，定位的因素也存在于容器的造型之中，尤其是某些使用对象十分明确的商品，更应注意区分差别，如香水包装的瓶型与外盖设计都要能体现出男、女之别。

从性别角色看，男女两性消费态度、潜意识消费心理的差异，主要表现在对不同类别的产品和品牌的兴趣与态度不同，它所反映的是男女两性消费者的自我概念、自我角色心理的差异。在中国社会文化环境中，男性的潜意识消费心理更多的是与外事活动消费、工作消费、个人消费相联系，而女性消费者则更多的是与家庭消费、情感消费和审美消费相联系。根据男女性别消费心理特征，具体的商品包装设计策略如下：

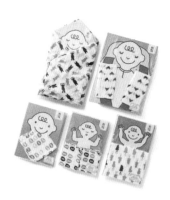

图3-20　面向婴幼儿的包装

①针对男性消费心理的包装策略　男性不同于女性，他们相对理智，没有女性那种强烈的对包装和商品间的"移情作用"，即认为包装就是商品。因此，针对男性商品包装要注意包装的整体感和品质特征。男性一般理智、自信、重视品牌和质量，购买决策力强，购买迅速，有很强的理性支配力，注重商品的功能，寻求便捷心理突出，一旦成交较少后悔，不愿过多地讨价还价。男性对视觉与信息的要求是直接的、清晰的、有效的。因此，在为男性用品设计包装时，一定要体现出整体、简洁、高贵的特点，这样才能符合男人的上述心理特征，吸引男士的关注。如"劲霸男装"的广告语就是展现男人的"王者风范"，在包装上体现男人的沉稳、成熟、深邃的品质。一些与男人密切相关的商品，如烟、酒、茶的包装，在设计上追求高雅的品位也是从男人注重品质特征的心理出发的。

图3-21　黑白灰和理性代表男性审美

案例3-19

图中所示是一款品名为"陌生人"的男士香水包装。表面极简的全黑色与金色的logo，使消费者一目了然——这是针对男性消费群体的商品。然而打开外包装，盒子内表面古典精致的图案，神秘艳丽的色彩，这种极大的反差让人眼前一亮，就像收到陌生人的礼物，而且还是如此别致的礼物，这会让更多的陌生人彼此熟悉，成为朋友。再次打开内包装，又会产生强烈的反差，黑白色与排列有序的几何纹样，凸显了男性的秩序感与理性思维。

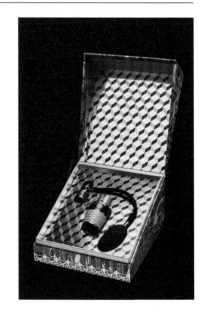

图3-22　美唇、鲜花、桃红都是面向女性消费者的代表元素

②针对女性消费心理的包装策略　在城市的大多数家庭中，女性通常担任消费的购买者与决策者，她们不仅是自己用品的购买者，还是儿童用品、老人用品、男人用品、家庭用品的购买者与决策者，同时也发挥着影响者的角色。女性消费一般包含着多种动机。例如，家庭主妇一般讲究经济实惠，潜意识中期望情感的满足；而未婚青年女性的消费则更多是为了表现自己的个性；追求事业的女性，则可能是为了提高自信心，在工作环境中得到社会的认可。女性的消费动机与男性相比较往往具有随机性、偶然性与多变性。

针对女性的商品包装首先要反映女人的天性和气质。这也是对女性尊重与理解的重要体现与前提。柔情似水，是形容女性最多的一个词，同样也是女性审美的一个重要体现。女性天生就喜欢柔滑的材质、柔和的颜色和柔性的造型，很多以女性为目标的产品，都试图以这些诉求点来满足女性生理或心理上、外显或潜在的欲望。例如，联合利华的洗发水瓶，就很好地体现了这一点。它有别于市面上绝大部分长方体造型的洗发水瓶子，大胆使用圆弧造型——宛如仕女优美的身体曲线，瓶盖是倾斜的椭圆形切面，其主体颜色采用了女性钟爱的珍珠白，廉价的塑料材质被赋予高品质的质感，整个瓶子流露着一种女性优雅流畅的气质。

案例3-20

右图是一款针对女性消费者的茶叶包装，优美的线条与盛开的繁花图形都明确地传达出女性专用的信息。包装文字字体纤细优雅，底色洁净高雅，无不体现出特有的女性气质。四种色调分别对应春、夏、秋、冬四个季节，反映出高超的销售策略。

案例3-21

下图是一款面向女性消费者的香烟包装。画面选用女性喜爱的清新、优雅色调，不同的颜色是不同的口味与香味。精美的钻石图案强化了微妙的感觉和品质口感。为了获得以女性为主的市场，字体设计成纤细、修长的外形。

图3-23 迎合求异心理的包装

③消费者心理因素定位　通过商标、商品、色彩与图形，而不用消费者的直接形象，以强调迎合消费者的兴趣与心理上的需求。如设计貌似手工制作，并采用传统与民间图案的包装，能使消费者借以得到怀旧心理的满足；设计以牛仔裤局部结构与肌理作底纹的小配套包装（香烟、手帕、食品等），使大都穿着随便的西方人产生好感；设计中运用流行色彩，以迎合追逐时髦的消费者的喜爱等。

包装设计定位就是把包装商品的各种属性加以分析、归纳、筛选、拟定出设计将表达的各属性的主次关系，突出重点、突出特色、不可面面俱到。目的是在满足视觉元素、结构科学、效果美观的前提下，合理准确地表达产品品牌、产地、类别、特点、用途、功能及销售对象等商品属性。包装画面内容过多易使画面拥挤，突出某一方面，效果则更强烈、更好。不管采用什么样的设计定位，关键在于确立表现的重点。没有重点，等于没有内容。重点过多，也等于没有重点，失去设计定位的意义。

消费心理学研究表明，消费者在购买商品前后有着复杂的心理活动，而根据年龄、性别、职业、民族、文化程度、社会环境等诸多方面的差异，划分出众多不同的消费群体及其各不相同的消费心理特征。根据近些年来对百姓消费心理的调查结果，消费心理特征大体可归纳为以下几种：

求异心理

这部分消费群体主要是35岁以下的年轻人。这类消费者通过表现与众不同来突显自我与价值。为了与众不同，消费者需要购买能够标示他／她自己记号的商品包装，他们认为商品包装的造型、色彩、图形等设计要更加时尚、前卫，或者是包装风格能够代表他们在社会中的个体存在或表达理想中的自我。此时，消费者寻找的不只是商品的功能，更是一种"生活的时尚"。而包装设计往往通过对"时尚"的捕捉与发现，来满足这类消费者对个性化的需求。如耐克公司曾经在网上推出了两款展现个性化身份的新式运动鞋，可以让消费者在网上挑选式样、颜色和鞋带的种类，甚至还可以把自己的身份证号码印制在自己喜欢的鞋上，这一方式吸引了大批消费者。

案例3-22

右图是限量销售的Fillico天然矿泉水，高品质的玻璃瓶与纯净无杂质的施华洛世奇水晶、NEZCA的饰品装饰，奢华的色彩，造型奇绝的瓶盖搭配融合。再装入来自日本神户口感爽滑、富含矿物质的的优质水，传递给消费者的是"非同一般"的商品概念。所以，这真的是在卖水吗？毫无疑问，这是一份求异心理的极佳礼物，水只是载体，消费者早已被奢华的Fillico包装牢牢的捕捉。

求实心理

这部分消费者心理成熟，多以中年以上、工薪阶层和家庭主妇为主。他们认为商品的实际效用最重要，希望物美价廉，不刻意追求商品包装的奢华、奇特。很少受商品包装的外观因素影响，而比较注重商品的内在质量和性能，往往经过分析、比较以后，才做出购买决定，尽量使自己的购买行为合理、正确、可行，很少有冲动、随意购买的行为。面向这类消费群体的包装设计最好能够贴近受众生活、贴近受众视觉习惯与内容，可以展现物美价廉的视觉感受。

还有一些消费者潜意识中认为一些商品会令自己尴尬（如减肥、健胸、性商品、痔疮药等），这类商品的包装中对商品功能的强化就是对受众缺陷的暗示，往往会触动受众的购买行为，如果采用美化包装，看似是对受众缺陷的保护，但受众往往会视而不见，因为这种同情是尴尬的对立，受众反而会去回避。对于脸上的雀斑、少白的头发，一盒有特点的粉底霜、一瓶效果好的染发油可使缺点消失，使自己变得完美。此时，就要利用商品包装，根据消费者的这些心理，充分展现商品的实际功效，而不是追求包装的漂亮美观。

图3-24　迎合求实心理的包装

求名心理

这种消费心理多见于功成名就、收入丰盛的高收入阶层，也见于其他收入阶层中的少数人。在他们看来，购物不光是适用、适中，还要表现个人的财力和欣赏水平。他们是消费者中的尖端消费群，购买倾向于高档化、名贵化、名牌化。因为，爱慕虚荣是人多少都会有的一种潜在的心理，这一心理体现在消费上，就表现为通过消费体现身份地位和权利。这类消费群体之所以购买商品，除了满足基本需要之外，还为了

图3-25　迎合求名心理的包装

显示自己的社会地位，向别人炫耀自己的财富。在这种心理的驱使下，他们会追求高档产品，而不注重商品的实用性，只要能显示自己的身份和地位，他们就会乐意购买。了解消费者的这种心理，在设计商品包装上就可以有的放矢。

从众心理

物以类聚、人以群分。人们总是生活在一定的社会圈子中，有一种希望与他应归属的圈子同步的趋向，不愿突出，也不想落伍。受这种心理支配的消费者乐于迎合流行风气或效仿名人的作风。此类消费群体的年龄层次跨度较大，各种媒体对时尚及名人的大力宣传也促进了这种心理行为的构成，形成一个相当大的顾客群体。此类商品的包装设计要把握流行趋势，如利用"名人效应"，推出深受消费者喜爱的商品形象代言人，或者流行语、流行色，以提高商品的知名度与信赖度。

总之，在消费社会和信息时代的社会背景下，物质生活商品空前丰富、商品云集、大众传媒空前发展，消费者在心理上对商品有了新的需求，即在要求实用的基础上，要求更高的审美体验和感性需求。在这种情况下，消费者的心理是复杂的，很少有消费者能够长期保持一种消费取向。消费者心理的多样性追求促使商品包装呈现出多样化的设计理念，只有进行针对包装设计诉求对象的潜意识消费心理研究，才能设计出有利于消费者轻松地认知商品、获取信息、满足心理深层需求等方面的实用性包装。

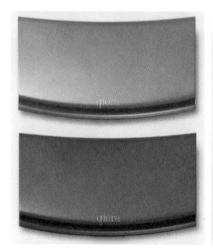

图3-26　审美取向各异的化妆品包装

案例3-23

作为五粮液股份有限公司推出的高规格中国白酒珍品"紫光液"的包装，在设计时就充分考虑了权利和身份的象征韵味，满足了消费者的心理需求。作为一款高档白酒包装容器，它选择了水晶玻璃，突出了白酒晶莹剔透的美，容器瓶盖使用金属制造，造型为天安门华表上的瑞兽"望君归"，蹲在莲花宝座上。容器的颈部盘着一条龙，象征着皇权、财富与尊贵，龙抬头望着瓶盖上的瑞兽，表达望子成龙的良好祝愿。玻璃容器上部造型，既像清代皇冠，又像北京天坛祈年殿的造型。容器中部镶嵌着金灿灿的门额金属牌，其造型与紫光阁的门额一样，由九条金龙组成，流光溢彩的"紫光液"三字，赫然在目。玻璃容器的下部，是象征皇权江山社稷的"一统江山"海水江崖图案。整个包装呈现的皇家风范，使"紫光液"达到了中国名酒中的极致。

3.3 包装设计构思

构思是包装设计的起步，是设计者在创造包装设计作品过程中所进行的思维活动。构，在这里不仅指结构，而且指整体；思，是以抽象思维为主导，包括形象思维、潜意识思维和灵感思维等心理活动。包装设计构思，是设计者在调查、分析的基础上，提炼设计主题意蕴并选择最佳表现方式，以指导包装设计实践的创造性总体思维过程。

构思是设计的灵魂，构思的核心在于考虑表现什么和如何表现两个问题。回答这两个问题即要解决以下四点：表现重点、表现角度、表现手法和表现形式。如同作战一样，重点是攻击目标，角度是突破口，手法是战术，形式则是武器，其中任何一个环节处理不好都会前功尽弃。

3.3.1 构思中的表现重点

表现重点要依据设计定位来选择，一般包括商标牌号、商品本身和消费对象三个方面。一些知名品牌的产品就可以用商标牌号为表现重点；一些具有较突出的某种特色的产品或新产品的包装则可以用产品本身作为重点；一些对使用者针对性强的商品包装可以以消费者为表现重点。表现重点的内容如同五线谱中的音符，乐曲的高低、强弱、快慢、轻缓皆是由音符的不同排列组合而成的。包装设计所呈现的不同风格，也是通过图形、色彩、文字等视觉要素的不同组合方式传达而出的。

商品的商标形象，牌号含义；商品的功能效用，质地属性；商品的产地背景，地方因素；商品的集卖地背景，消费对象；商品与现类产品的区别；商品同类包装设计的状况等，这些都是设计构思的媒介性资料。设计时要尽可能多地了解有关的资料，加以

图3-27 以商标牌号为表现重点　　　　图3-28 以儿童消费者为表现重点

比较和选择，进而确定表现重点。例如，确定以商标为表现重点，不是说商标以外的内容就都忽略不去表现。需要考虑的是：是商标和商品产地的组合，还是商标和商品自身特点的组合？组合不同，设计风格就不同。

案例3-24

格式塔心理学认为，当主体观看眼前物体形象时，总是将眼前所看到的图像与主体记忆中存储的形象联系起来。在观看的同时，不断地将眼前对象与过去曾知觉过的存储样式进行比较，一旦发现某些类似特征时，就会引起注意，实现情感共鸣的体验。消费者在认知商品信息时，能够和自己的一些经验发生想象、联想，运用通感能力，激发自己在情感上与商品的共鸣，进而对商品产

生好感。以下是三款耳机包装设计：第一款透明包装直接表现商品本身；第二款用写实立体耳朵表达耳机功能；第三款用动物的身体部分与耳机巧妙连接。每一款都各具特色，从不同角度表现了商品的卖点。

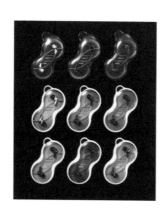

3.3.2 构思中的表现角度

确定了表现重点，就要决定表现角度。这是确定表现形式后的深化，即找到主攻目标后还要有具体确定的突破口。如果以商标、牌号为表现重点，是直接突出品牌牌号，还是表现牌号所具有的某种含义？如果以商品本身为表现重点，是表现商品外在形象，还是表现商品的某种内在属性？是表现其构成成分，还是表现其功能效用？事物都有不同的认识角度，在表现上比较集中于一个角度，这将有益于表现的鲜明性。如同条条大路通罗马，只有选择最适合的道路，才能最快到达。

图3-29 以商品本身为表现角度

图3-30 以商品属性特征为表现角度

图3-31 以商品的牌号含义为表现角度

图3-32　以商品标志图形为表现角度

3.4　包装设计方法

　　就像表现重点与表现角度好比目标与突破口一样，表现手法可以说是一个战术问题。表现的重点和角度主要是解决表现什么。这只是解决了一半的问题。好的表现手法和表现形式是设计的生机所在。

　　不论如何表现，都是要表现内容或内容的某种特点。从广义看，任何事物都必须具有自身的特殊性，任何事物都必须与其他某些事物有一定的关联。这样，要表现一种事物，表现一个对象，就有两种基本手法：一是直接表现该对象的一定特征一；二是间接地借助于该对象的一定特征，用相关联的其他事物来表现该对象。前者称为形象表现，后者称为意向表现。

3.4.1　形象表现法

　　形象表现法是一种最常见的运用十分广泛的表现手法。通过摄影图片或开窗来直接如实地展示商品，充分运用摄影或绘画等技巧的写实表现能力，细致刻画和着力渲染商品的质感、形态和功能用途，将商品精美的质地引人入胜地呈现出来，给人以逼真的现实感，使消费者对所包装的商品产生一种亲切感和信任感。

　　这种手法由于直接将商品推向消费者面前，所以要十分注意画面上商品的组合和展示角度，应着力突出商品的品牌和商品本身最容易打动人心的部位，运用色光和背景进行烘托，使商品置身于一个具有感染力的空间，这样才能增强包装画面的视觉冲击力。

　　除了客观地直接表现外，还有以下一些运用辅助性方式的直接表现手法：

　　①衬托　辅助方式之一。俗语说"牡丹虽好，也要绿叶扶持"，用甲事物（宾）配衬乙事物（主），就是衬托。运用衬托手法，能突出包装主体或渲染主体，使之形象鲜明，给消费者以深刻的印象。衬托分为正衬和反衬。反衬，即从反面衬托使主体在反

衬对比中得到更强烈的表现。衬托的形象可以是具象的，也可以是抽象的，处理中注意不要喧宾夺主。

②对比　把两种对应的事物对照比较，使形象更鲜明，感受更强烈。具体指把具有明显差异、矛盾和对立的图形、色彩等元素安排在一起，进行对照比较的表现手法。这种手法可以把对立的意思或事物的两个方面放在一起作比较，让消费者在比较中更加清晰地认知包装的商品名和品牌名。把包装上的各种元素安置在统一的画面中，使之集中在一个完整的艺术统一体中，形成相辅相成的比照和呼应关系。运用这种表现手法，有利于充分显示事物的矛盾，突出被表现事物的本质特征，加强包装的艺术效果和感染力。对比部分可以具象，也可以抽象。

③概括　以简化求鲜明，将主体形象和色彩加以简化处理，使概括后的主体特征更加鲜明、醒目。用概括的思维进行分析、抽象，把包装商品对象具有的某种特性，推广到某类的全体对象的共性中。在概括过程中需要运用归纳法。概括的基础是事物之间个别和一般的关系，在分析、抽象的基础上，将所获得的对包装内容的各个方面、各个部分的认识，联系在一起，形成对该商品的更加深刻、完整的认识。

④夸张　为了达到某种表达效果的需要，对包装商品的形象、特征、作用、程度等方面着意夸大或缩小的表达方式。设计上要运用丰富的想象力，在客观现实的基础上有目的地放大或缩小商品的形象特征，以增强视觉表达效果。夸张是以变化求突出，不但有所取舍，而且还有所强调，使主体形象虽然不合理，但却合情合理。这种手法在我国民间剪纸、皮影造型和国外卡通艺术中都有许多生动的例子，这种表现手法富有浪漫情趣。包装画面的夸张一般要注意可爱、生动、有趣的特点，而不宜采用丑化的形式。如

图3-33　单色衬托效果醒目、主体突出　　图3-34　单色黑背景衬托出灯泡的光色

图3-35　强烈的明度对比，达到突出牌号的目的　　图3-36　强烈的对比使米粒特征更加醒目

　　图3-33紧紧抓住儿童饮料消费群体的喜好，采用夸张的手法，使画面出现戏剧性的表情，表达出饮料"不同寻常"的味道，充满情趣的视觉效果给消费者带来亲切感。

　　⑤特写　指抓住包装内商品的某一富有特征性的部分，作集中的、精细的、突出的描绘和刻画，具有高度的真实性和强烈的艺术感染力。这是大取大舍，以局部表现整体的处理手法，以使主体的特点得到更为集中的表现。所取的局部要有代表性，抓住形体特征。

图3-37　轮廓线概括出容　图3-38　轮廓线概括出容器特征，单纯而醒目（2）图3-39　各种水果用概括的手法
器特征，单纯而醒目（1）　　　　　　　　　　　　　　　　　　　　　　　表现出鲜明特点

图3-40　夸张手法充　　图3-41　夸张手法充满情趣（2）　　图3-42　夸张手法充满情趣（3）
满情趣（1）

图3-43　特写手法，具有强大的　图3-44　特写表　　图3-45　水果特写食欲更强
感染力　　　　　　　　　　　　现手法

案例3-25

下图是由白俄罗斯电子公司CS设计的灯泡包装，这些盒子设计巧妙地将灯泡和昆虫形象合为一体。日常灯泡的包装设计通常追求实用性，但是设计师将盒子上精美动物插图与盒子内的商品形象巧妙地结合在一起，使商品本身成为包装设计中一个重要的部分。不同的灯泡根据本身的形状尺寸与特定的昆虫形象做结合。如瘦长的灯泡装入绘有蜻蜓的盒子，螺旋状的节能灯则成为大黄蜂的腹部，通过衬托、对比等手法，使灯泡包装充满智慧与趣味。

 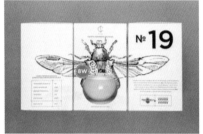 

3.4.2　意向表现法

意向表现法是一种寓情于景、以景托情、情景交融的艺术处理及内在表现手法。即画面上不出现要表现的对象本身，而借助于其他有关事物来表现该对象。这种手法具有更加宽广的表现空间，在构思上往往用于表现内容物的某种属性或牌号、意念等。

就商品本身来说，如香水、酒、洗衣粉等液态状和固态粉末状的商品，是无法用形象进行直接表现的，这就需要用间接的意向表现法来处理。同时要表现商品的坚固、柔软，男性、女性，传统、现代等抽象概念时也需要使用意向表现手法。即使是可直接表现的商品，为了创意上求得新颖、独特、多变的表现效果，也往往采用意向表象手法。

意向表现的手法通常有比喻、联想和象征。

①比喻　认知的一种基本方式，通过把一种事物看成另一种事物来认识它。也就是说找到包装商品和某些事物的共同点，发现包装商品的属性、特点等可暗含在某些事

图3-46　饼干比喻酷酷的发型　　　　图3-47　月饼比喻成月亮，产生了阴晴圆缺盼团圆的意境

物身上不为人所熟知的特征中，从而使消费者对包装商品有一个不同于往常的重新的认识。用比喻的手法来对商品包装的特征进行描绘和渲染，可使商品的特征变得生动形象具体可感，以此引发消费者的想象，给人以鲜明深刻的印象和强烈的感染力。比喻是借它物比此物，是由此及彼的手法，所采用的比喻成分必须是大多数人所共同了解的具体事物、具体形象。如松鹤比喻长寿，鸳鸯比喻爱情。这就要求设计者具有比较丰富的生活知识和文化修养。

　　②联想　借助于某种形象引导观者的认识向一定方向集中，由观者产生的联想来补充画面上所没有直接交代的东西。人们在看到一件商品包装时，并不只是简单地视觉接受，而总会产生一定的心理活动。这种心理活动是联想法应用的心理基础。联想法所借助的媒介形象可以是具象，也可以是抽象。如从具象的鲜花想到幸福，由落叶想到秋天，又可以从抽象的水平线想到天海之际，由绿色想到健康。

　　③象征　根据包装商品与某些事物之间的某种联系，借助某些事物的具体形象（象征体），以表现包装商品的某种抽象概念、思想和情感。它可以使包装内商品的卖点变得立意高远，含蓄深刻。恰当地运用象征手法，可以将商品比较抽象的精神品质化为具体的可以感知的形象，从而给消费者留下深刻的印象，赋予商品卖点以深刻含义。在包装装潢设计上，主要体现为在大多数人共同认识的基础上用以表达牌号的某种含义和某种商品的抽象属性。如自由女神象征美国，十字架象征殉道和神圣，白鸽象征和平等。作为象征的媒介在含义的表达上应当具有一种不能任意变动的永久性。

图3-48　冰块联想到凉爽

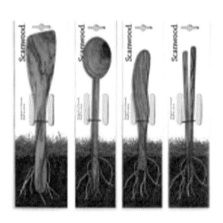

图3-49　根系联想到原木

图3-50　嘴巴联想到美味

图3-51　蓝绿色象征环保

案例3-26

右图是具有悠久历史的名酒——国窖1573，其包装设计具有浓厚的中国文化韵味。其在设计创意上采用了意象表现法。外包装盒以大面积的正红色铺底，与金色搭配来象征吉祥喜庆的寓意，包装基座以金色五星蕙芷为装饰，打开后似一朵富丽华美的金色牡丹花，酒瓶瓶身与外包装盒装饰有象征中国国土面积的960颗五角星，方正的"国窖"二字具有印章效果，象征尊贵。整体设计体现出"国窖1573"酒久远的历史传承，塑造了独树一帜的品牌文化。

本章小结

包装的整合策划与视觉设计有一套规范化的流程，只有严格遵循流程，才可以使设计工作少走弯路，顺利完成。包装设计的程序通常分策划、设计、实施三个阶段，每个阶段都有明确的目的。在进行包装设计之前，首先要了解企业推出商品的诉求点，即包装设计的定位，包括商品定位、品牌定位、消费者定位，每种定位方式都有不同的构思重点及设计表达方式。在包装设计的过程中只有准确掌握先后顺序、设计原则与方法，才能为企业创造出具有市场竞争力的优秀包装。

思考练习题

1．包装设计的流程是什么？
2．如何进行包装设计定位？简述三种包装设计定位的不同特点。
3．包装设计的构思有哪几种方法？每种方法的重点是什么？
4．如何区别直接表现与间接表现的包装设计手法？

实训课堂

课题：分析研究一款成功的包装案例。
1．方式：以PPT形式汇报。
2．内容：选择你认为当前商品市场中营销最成功的包装设计案例。从设计定位、构思方法、表现重点三个方面深入分析、详细讲解包装案例的成功之处。
3．要求：案例要有代表性，PPT不少于30页。

第4章

包装材料及其性能

◈ **学习提示**

本章通过对各种包装材料及其性能的讲述，旨在让学生了解包装材料在商品流通和销售过程中发挥的重要作用，理解纸张、金属、木材、塑料、陶瓷、玻璃等包装材料的优势与劣势，从而把握包装材料选择的基本原则。

◈ **学习目标**

▶ 掌握各种包装材料的优势与劣势。

▶ 理解各种包装材料的不同特性。

▶ 了解包装材料的发展趋势。

◈ **核心重点**

各种包装材料的性能。

◈ **本章导读**

包装材料是指用于包装容器、包装运输、包装装潢、包装印刷等满足产品包装要求所使用的材料总称。包装材料一般包括主要包装材料和辅助包装材料，常用的有纸张、金属、木材、塑料、化学纤维、复合材料、纺织品、陶瓷、玻璃、草、竹、藤条、柳条等主要包装材料，以及涂料、黏合剂、捆扎带、装潢、印刷材料等辅助包装材料。其中尤以塑料与金属材料最为复杂。

包装材料在整个包装工业中占有重要的地位，是发展包装技术、提高包装质量和降低包装成本的重要基础。因此，了解包装材料的性能、应用范围和发展趋势，对合理选用包装材料，扩大包装材料的来源，采用新的包装材料和新加工技术，创造新型包装容器与包装技法，提高包装技术水平与设计理念都具有重要而又深远的意义。

4.1　包装材料的性能

包装材料是消费者在接触商品时看到、触摸到的实体物质，与消费者的接触具有直接性。消费者直接看到商品信息和包装材料，感受包装材料的质感，得到感官上的刺激和具体的商品信息等身心体验。包装材料在商品的销售中发挥着承载信息的作用，同时也传递着情感，使得材料在包装设计中具有独特的美。商品属性不同，对包装材料的要求也不同。合理的包装材料及其结构能获得理想的包装效果。从设计到材料，从材料到设计理念，材料为包装设计提供了无限可能。不同的材料具有不同的属性，被应用于不同的包装领域，材料不只是包装的物质材料，也是设计师表达设计观念的物质基础。

包装材料的选择是包装设计的第一步，要考虑材料的保护性能、安全性能、操作性能、便利性能、销售性能等，还要考虑材料与成本的合理性、与被包装物的匹配关系等。选用不合理的包装材料会导致商品受损。当然，过度的包装也是不必要的。设计师在包装材料的设计上可以进行大胆的想象、创新，但前提是必须具备对于相关包装材料的基本认知。

从现代包装功能来看，包装材料应具有以下几方面性能：

（1）保护性能

包装材料应具有一定机械强度、韧性和弹性，能够缓冲冲击、振动、承受压力；适应气温变化，防潮、防水、防腐蚀、防紫外线穿透；耐热、耐寒、耐光、耐油；对水分、水蒸气、气体、光线、异味、热量等具有一定的阻挡作用，保护内装商品质量完好。

（2）安全性能

包装材料本身应无异味、无毒、无臭，以免污染产品和影响人体健康；包装材料应无腐蚀性，不污染环境，绿色可回收；具有防虫、防蛀、抑制微生物等性能，以保护商品安全。

（3）操作性能

包装材料应具有一定的刚性、热合性和防静电性，有一定的光洁度以及可塑性、可焊性、易开口性、易加工、易充填、易分合等，适合自动包装机械操作，生产效率高。

（4）便利性能

无论用何种材料包装商品，基本要求是便于运输搬运和装卸；便于开启和提取内装物；便于再封闭、不易破裂和损坏；便于回收和清理。

（5）销售性能

要求透明度好，表面光泽，使造型和色彩美观，产生良好的陈列、展示效果，以便提高商品价值和消费者的购买欲望。节省包装材料费用，使用最合适的材料，采取最合理的包装方法，取得最佳的包装效果。

　　商品包装必须通过流通才能到达消费者手中，而各种商品的流通条件并不相同，包装材料的选用应与流通条件相适应。流通条件包括气候、运输方式、流通对象与流通周期等：气候条件是指包装材料要适应流通区域的温度、湿度等，对于气候条件恶劣的环境，包装材料的选用更需注意；运输方式包括人工、汽车、火车、船只、飞机等，方式不同，对包装材料的性能要求也不尽相同，包装材料所需适应的、振动大小大也不相同；流通对象是指商品包装的接受者，由于国家、地区、民族的不同，对包装材料的规格、色彩、图案等均有不同要求，必须使之相适应；流通周期是指商品到达消费者手中的预定期限，有些商品，如食品的保质期限很短，而日用品、服装等，保质期限可以较长。

　　商品的多样性导致商品包装的多样化，同时商品包装的千姿百态也决定了包装材料的五花八门。如今，以纸张、塑料、金属品、玻璃所谓"四大件"传统包装材料为主的包装制品仍是包装设计界的主流，但是其中也不乏采用新型材料或标新立异、颠覆传统包装形象的大胆之作，虽然设计界对此褒贬不一，但这种创新精神值得推崇。

4.2　纸包装材料

　　随着包装工业的发展，包装材料中纸制品的产量增长最快，所占比例也最大。造纸术是我国的四大发明之一，对人类经济、政治和文化发展产生了深远的影响。虽然新的造纸技术日新月异，但是造纸原理没有发生根本改变，仍然是从原料中提取纤维，使其分散在水中，然后均匀地分布在网上，过滤榨干，加工成薄片状。纸作为包装材料具有极大的优势，被认定为最有前途的绿色包装材料之一，从发展趋势来看，纸包装的用量会越来越大。

4.2.1　纸包装材料的特性

（1）纸包装材料的优点

　　①相对于金属、塑料、木材、玻璃等包装材料，纸的来源广泛，价格便宜、成本低廉。

　　②具有优良的成型性和折叠性，结构多样，便于采用各种加工方法，应用于机械化、自动化的包装生产。

　　③具有适宜的强度、耐冲击性和耐摩擦性。

　　④纸的质地细腻、均匀，具有最佳的可印刷性，便于介绍和美化商品。纸的表面肌理纹样丰富，包装装潢设计创意空间巨大。

　　⑤不透明、卫生安全性好、弹性和韧性好、品种多样、容易形成大批量生产、重量较轻、便于运输。

　　⑥收缩性小、稳定性高、不易碎且易切割。

　　⑦使用薄型和具有阻隔性好的纸基复合材料包装物品，能够延长货物寿命。

　　⑧无环境污染，可回收再利用。

(2) 纸包装材料的缺点
①耐水性差，受潮后牢固度下降。
②气密性、防潮性、透明性差。

4.2.2　纸包装材料的分类

纸包装的种类很多，有的以纸张的形式制作成纸包装容器或进行包装装潢，有的以纸板的形式制造成包装箱、包装盒、包装杯等，还有的纸材料用于产品的说明和广告印刷。下面介绍这些纸类包装材料各自的特点。

(1) 功能性防护包装纸

①牛皮纸　由于质量似牛皮那样坚韧结实而得名。牛皮纸是高级的包装纸，用途十分广泛。牛皮纸在外观上分单面光和双面光，有条纹和无条纹等。牛皮纸的定量有 $40g/m^2$、$50g/m^2$、$60g/m^2$、$70g/m^2$、$80g/m^2$、$90g/m^2$、$100g/m^2$、$120g/m^2$，其中又以 $60g/m^2$、$70g/m^2$、$80g/m^2$ 的牛皮纸应用最广。随着牛皮纸的定量增加，其纸张变厚，耐破度增加，撕裂度也在增加，其防护性能也越好。

②纸袋纸　又称水泥袋纸。它是一种工业包装用纸，供制造水泥袋、化肥袋、农药袋等使用。常用4~6层的纸袋纸缝制水泥包装纸。纸袋纸要求物理强度大、坚韧，具有良好的防水性能，装卸时不易破损等，由于水泥在储存时要有一定的透气度，因而要求纸袋纸具有一定的透气性，这一点与一般的牛皮纸不同。

③鸡皮纸　一种单面光的平板薄型包装纸，供印刷商标，包装日用百货、食品使用。鸡皮纸一般定量为 $40g/m^2$，一面光泽好，有较高的耐破度和耐折度，有一定的抗水性。其特点是浆细，纸质均匀，拉力强，纸包扎不易破碎，色泽较牛皮纸浅。

④玻璃纸　和一般的纸有所不同，它是透明的，就像玻璃一样，故名玻璃纸。它之所以透明，是因为它同一般的纸张和纸板不同，它不是用纤维交织起来的，而是将纤维原料经过一系列的复杂加工后，制成胶状的液体，形成薄膜。因此，它的形态和塑料膜相似，有些性质也与塑料膜相同。玻璃纸主要应用于医药、食品、纺织品、化妆品、精密仪器等的美化包装。其主要特点是透明性好、光泽度高。

⑤羊皮纸　一种透明的高级包装纸，又称硫酸纸。它是羊皮原纸经硫酸处理之后所得的一种变性加工纸，强度高，吸水性好，组织均匀，被广泛应用于机械零件、仪表、化学药品等工业产品和食品、医药品、消毒材料等内包装用纸。

图4-1　牛皮纸包装

(2) 包装装潢用纸

①铜版纸　一种常用的包装装潢及印刷用纸。铜版纸的主要原料是铜版原纸与涂料，中高级铜版纸采用特制的原纸进行加工，一般铜版纸采用优质的新闻纸或胶版纸进行加工，由于铜版纸具有较高的平滑度和白度，纸的质地密实，伸缩性小，耐水性好，印刷性好，印刷图案清晰，色彩鲜艳等，所以铜版纸是广泛应用于商品包装中的商标纸，如各种罐头、饮料瓶、酒瓶等贴标，以及多种彩色包装盒，如食品、化妆品等包装盒。

②胶版纸　一种彩色印刷品用纸，主要在胶印机上使用。胶版纸具有组织细密均匀，伸缩率小，抗水性好，印刷图案清晰等特点，但不如铜版纸的组织紧密，光洁性也较铜版纸差，胶版纸作为包装装潢用纸，其用途类似于铜版纸，但因印刷质量较铜版纸差，所以胶版纸仅用作商品包装中的一般彩色商标及彩色包装。

③不干胶纸　由基面基材、胶黏剂、底纸三要素组成。不干胶纸主要用来印刷各种商品商标、标签、条码等。由于所选用的表现基材品质好，所以印刷效果清晰、色彩丰富。

④哑粉纸　表面平滑且有光泽，但高级粉纸没有光泽，因此，又叫"哑"光粉纸，即哑粉纸。其多用于印制书画作品，如精致的画册、精细的图片等。

⑤刚古纸　由于在其中添加了人造纤维、棉质、纸质，因此，在纸的表面有许多丰富的纹理，纸质坚挺不易变形，并且质轻，在印刷中不易出现膨胀或收缩，可印刷出各种凹凸起伏的效果。

(3) 纸板和纸容器

纸板比一般的纸张要厚，特点为纸质硬、刚性强，主要有瓦楞纸、白纸板等。

瓦楞纸板是由面纸和压成波纹状的瓦楞纸，用胶黏剂粘贴而成的复杂结构的纸板。它主要用来制作瓦楞纸箱和纸盒。此外，还可以用作包装衬垫缓冲材料。瓦楞纸板属于各项异型材料，不同的方向具有不同的性能：当向瓦楞纸板施加平面压力时，其富有弹性和缓冲性能；当向瓦楞垂直方向施加压力时，瓦楞纸板又类似于刚性材料，在压缩、拉伸和冲击状态下，瓦楞纸板的平贴层，起着固定瓦楞位置的作用。

纸容器指用纸和纸板制成的纸箱、纸盒、纸桶、纸袋、纸罐、纸杯、纸盘等。纸容器多用于销售包装，如用于食品、药品、服装、玩具及其他生活用品的包装。纸盒可制成开窗式、摇盖式、抽屉式、套合式等，表面加以装饰，具有较好的展销效果。纸桶结实耐用，可以盛装颗粒状、块状、粉末状商品。纸袋种类繁多、用途广泛。纸杯、纸盘、纸罐都是一次性使用的食品包装，由于价廉、轻巧、方便、卫生，而被广泛应用。纸浆模制包装是用纸浆直接经模制压模、干燥而制成的衬垫材料，如模制鸡蛋盘，用于鸡蛋包装，可以大大减少运输中的破损率。

(4) 特种包装纸

特种包装纸是指根据商品的不同性质、用途和特殊要求而设计的有特殊用途的包装纸。由于不同被包装物有不同的特性，包装材料的性能也必然随之而有所区别和侧重。特种包装纸的技术含量较高、品种多，因此，发展空间大，市场前景乐观。

高科技在造纸技术中的广泛使用，制造出多种新型的特种包装纸。例如，阻燃包装纸能够确保箱内物品不会受到火灾的威胁，经过加工之后的阻燃纸遇到小火不会被引燃；脱水包装纸不会使食品组织细胞被破坏，同时还能抑制酶的活性，防止蛋白质分

图4-2　瓦楞纸包装

图4-3　复合纸包装

解，减少微生物繁殖，达到保持食品新鲜度、浓缩鲜味成分、提高韧性的效果；胡萝卜包装纸是一种可食性彩色蔬菜纸，可用作盒装食品的个体内包装或直接当作方便食品食用，既能减少环境污染，又能增强食品美感，增加消费者的食趣和食欲。

4.2.3　纸包装材料的发展趋势

目前乃至今后几年内，我国包装纸的发展方向是高强度、低克重、多功能，以满足水泥、面粉等一系列高强度包装的需要。发展中、高档纸箱产品，重点是多色彩瓦楞纸箱，以适应国内外纸箱的需要。发展蜂窝制品包装新技术、新产品，以逐步替代木制品包装；充分利用我国再生自然资源，发展如农作物秸秆为原料的纸模包装行业，以替代发泡塑料生产餐具盒、托盘和工业产品包装制品。通过开发新型纸浆增强剂和改进瓦楞纸板结构，提高纸强度、减少纸板厚度来达到减量，同时以发展经济、保护我们的生存环境为目的。

发展趋势具体表现为：①材料复合多元化。传统单一的纸包装材料已经不能满足软包装多元化的需求，如糖果、饼干、槟榔、食盐、瓜子等各种食品和牛奶类液态饮料，均须采用具有特定功能或液体无菌包装的复合纸材料。②黏接剂环保化。为保证食品和药品安全，其包装黏接剂须符合安全环保的要求，水性黏接剂已逐渐突破价格和印刷工艺的限制，成为复合纸黏接剂的主流产品。③食品包装专用纸板功能化。目前食品包装使用的白纸板品种单一，不能满足不同食品包装的要求。如在包装含油食品后，渗油现象相当普遍，故有必要研制供包装固体食品和液体食品的功能型专用纸板、防渗油的糕点包装纸盒纸板、防光防潮的食盐包装纸罐纸板、包装蒸烤加工半成品的纸盒纸板、包装牛奶和果汁的纸罐纸板等。④植物分离制浆造纸技术无污染化。利用该技术，可使用少量催化剂经蒸煮将稻麦草等植物纤维分离出来，以制造出各种高强度纤维板、瓦楞纸、箱板纸等。植物分离制浆造纸，除使用少量催化剂外，不需另加任何化工原料，故与化学造纸相比较，可以节省用水，排放水的pH值也能符合国家要求。⑤纸的原材料生态化。采用大自然的植物纤维（如稻草、麦秸、棉秆、谷壳等）制作快餐盒，还可将纤维经过碾压或编织，制成方便袋，或编制强度更好的草袋。

4.3　塑料包装材料

　　塑料的主要成分是合成树脂，在一定的温度和压力下可塑造成型。塑料的成型方法有模压成型、挤出成型、注射成型、中空成型等。塑料作为一种包装材料主要有塑料软包装、编织袋、中空容器等，广泛用于食品包装、饮料包装、洗涤用品包装、化妆品包装、化工产品包装，其使用量仅次于纸包装材料。

　　根据各种塑料不同特性，可以把塑料分为热固性塑料和热塑性塑料两种类型。热塑性塑料指加热后会熔化，可流动至模具，冷却后成型，再加热后又会熔化的塑料。可运用加热及冷却使其产生液态和固态间的变化。这种塑料加工过程简单，但耐热性较差，如聚苯乙烯、聚乙烯、聚丙烯等。热固性塑料指加热变软，成型后形成具有不熔的固化物，在受热条件下具有不溶特性的塑料，如酚醛塑料、环氧塑料等，它们具有耐热性高、受热不易变形等优点，缺点是机械强度一般不高。

4.3.1　塑料包装材料的特性

（1）塑料包装材料的优点
　　①重量轻，透明，强度和韧性好，坚固耐用。
　　②阻隔性良好，耐水耐油，大部分为良好绝缘体。
　　③加工成型容易，可大量生产，价格便宜。
　　④化学稳定性优良，耐腐蚀，容易着色。

（2）塑料包装材料的缺点
　　①回收利用废弃塑料时，分类十分困难，而且经济上不划算。
　　②塑料容易燃烧，燃烧时产生有毒气体高温环境，会导致塑料包装分解出有毒成分。
　　③塑料的原材料是石油，石油资源是有限的。
　　④塑料无法被自然分解。

图4-4　塑料包装既透明又可印刷精美图案

4.3.2 塑料包装材料的种类

塑料以其无可比拟的优异性能广泛用于包装工业中。现代塑料生产的四分之一以上都用于制作包装材料。包装上常用的塑料主要有聚乙烯、聚丙烯、聚苯乙烯、聚氯乙烯、聚氨基甲酸脂、酚醛树脂。

(1) 塑料薄膜

塑料薄膜是使用最早、用量最大的塑料包装材料。一般具有透明，柔韧，良好的耐水性、防潮性和阻气性，机械强度较好，化学性质稳定，耐油脂，可以热封制袋等优点。主要在食品、纺织品、生活用品的包装上广泛应用。以下是几种主要的塑料薄膜：

①聚乙烯醇(PVA) 聚醋酸乙烯酯的水解产物。它透明性大，无毒，无味；有极好的阻气性、耐水性和耐油性；化学稳定性好；印刷性好，无静电；机械性能好。聚乙烯醇在包装上多制成薄膜，可用于食品包装，对防止食品氧化变色、变味和变质，保持食品的新鲜度有显著效果。

②聚偏二氯乙烯（PVDC） 偏二氧乙烯的均聚物。它无毒、无味、透明；机械强度大，韧性好；耐油和有机溶济；热收缩性与自黏性好，薄膜间能轻易黏合；气密性、防潮性极佳。但是它机械加工性差，热稳定性差，不易热封，受紫外线作用时易分解。聚偏二氯乙烯在包装上的应用主要是制作食品包装薄膜，可用作密封包装，能有效地防止食品吸潮，防止油脂类食品氧化，使食品长期保质不坏；因其能进行加热杀菌，可用作杀菌食品包装；还可用作家庭日用的包装材料。

(2) 塑料容器

塑料包装容器主要有塑料箱、塑料瓶、塑料桶、塑料杯等形态。塑料箱是一种较好的代木包装，塑料瓶具有体轻、强度高、化学稳定性好、造型多样等特点，被广泛用于食品、饮料、药品、日用品的包装。塑料桶重量轻、不宜破碎、耐腐蚀，可替代金属桶、木桶、玻璃罐等用于化工品、食品、油类的包装。下面是介绍几种主要可做容器的塑料：

图4-5 塑料容器具有透明的优越性、纸容器具有印刷精美的优越性

①聚酯(PET) 对苯二甲酸与乙二醇的缩聚产物。聚酯和其他塑料相比，具有优良的阻隔性，如对二氧化碳、氧气、水和香味等均能很好地阻隔；有很高的强度、抗压性和耐冲击性；化学稳定性好，耐酸、碱腐蚀；透明度高，光泽性、光学特性好；无毒、无味，符合食品卫生标准；其结构中有酯基，故印刷性能好。聚酯是一种独特而用途广泛的包装材料，可以做成瓶、罐、杯、箱等塑料包装容器，还可作可烘烤的托盘。

②酚醛塑料(PF) 以酚醛树脂为基材的塑料总称为酚醛塑料。由酚类和醛类缩聚而成，可得到热塑性树脂或热固性树脂，两者在合适的条件下可以互相转化。酚醛树脂有很好的机械强度，热强度亦很好；耐湿性，耐腐蚀性良好；易于加工、价格低廉。酚醛树脂添加不同的填料、固化剂等加工后，可制得不同的酚醛塑料。酚醛塑料加入发泡剂可制得酚醛泡沫塑料；酚醛塑料用于包装时，用酚醛树脂混以填料、固化剂、着色剂等制成模塑粉，再经模压成型为瓶盖、机器零件、日用品以及包装容器等。酚醛塑料制品化学稳定性好；耐热性优良；机械强度高，耐磨；不易变形，但弹性差；电绝缘性良好；颜色单调，多呈暗红色或黑色。由于它的主要原料是苯酚和甲醛，都有一定毒性，故不宜用作食品包装材料。

③密胺塑料(ME)　以三聚氰胺与甲醛经缩聚反应而得树脂为主要成分，加入填料、润滑剂、着色剂、硬化剂等，经热压而成，属热固性塑料。密胺塑料无毒、无嗅、无味、卫生性能好；机械强度大，表面硬度好，不易变形；表面光滑，手感似瓷器；抗冲击，抗污染能力强；化学稳定性好。密胺塑料可以用来制作各种颜色的食品包装等包装容器。

(3) 泡沫塑料

泡沫塑料是内部含有大量微孔结构的塑料制品，又称多孔塑料。泡沫塑料是缓冲包装中最为常用的一种缓冲材料。以下是几种制作泡沫塑料的常用塑料：

①聚苯乙烯(PS)　一种无色、透明、无延展性的热塑性塑料；无毒、无味、无嗅，着色性好，透湿性大于聚乙烯，吸湿性很低，尺寸稳定，具有良好光泽；加工性能好，成本低；机械性能随分子量的加大而提高；耐热性低，不能在沸水中使用；耐低温，可承受−40℃的低温；有良好的室内耐老化性，耐酸、碱性。聚苯乙烯由于性能优越，价格低廉，应用很广，可以制成薄膜、容器，广泛用于食品工业中。在聚苯乙烯中加入发泡剂，可制造泡沫塑料，是一种良好的缓冲包装材料。

②聚氨酯(PVP)　主要特点是耐磨性好，耐低温性优良，耐油性、耐化学腐蚀性突出。聚氨酯主要加工成泡沫塑料，改变原料及配比可得软硬不同的泡沫塑料。软质制品韧性好，有较好的弹性，耐油，是聚氨酯泡沫塑料的主要品种，在包装上广泛用于制作衬垫等缓冲材料。硬质制品耐热、抗寒、绝热，有优良的防震性，广泛用于精密仪器、仪表的包装。聚氨酯泡沫塑料的生产简单，操作方便，成本低廉，防震性能好，常温下即可制得。特别是可以通过现场发泡制得，给包装带来极大方便。

图4-6　塑料容器包装

图4-7　塑料软包装

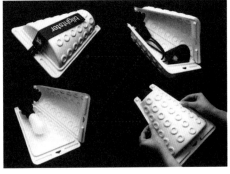

图4-8　泡沫塑料包装

图4-9　形态各异的塑料容器包装

图4-10　表面装饰线丰富的塑料容器包装

4.3.3　塑料包装材料的发展趋势

中国是世界包装制造和消费大国，塑料包装在包装产业总产值中的比例已超过30%，成为包装产业中的生力军，在食品、饮料、日用品及工农业生产各个领域发挥着不可替代的作用。塑料包装行业的包装产品、包装材料平稳增长，包装新材料、新工艺、新技术、新产品不断涌现。塑料在硬质容器和软包装中的应用都会增加。在硬质容器方面，如塑料浅盘和塑料桶，由于可重复使用，长远成本低于纤维板桶。塑料立式袋也有取代纸板盒之势，作为干货食品如预制谷类食品等的容器。另外，由于塑料瓶具有质轻、耐碰撞的特点，被越来越多地用于果汁、水果饮料的包装。在软包装方面，塑料制品中的小袋和薄膜，仍将在快餐食品和零售领域内大有用武之地。

发展趋势具体表现为：①天然高分子生物降解塑料的使用。天然高分子生物降解塑料的原材料来源于大自然的生物，如植物中的淀粉、纤维素、蛋白质、天然橡胶和动物中的甲壳素、壳聚糖、蛋白质和核酸等，利用天然高分子作原材料是塑料包装生态化的重要取向。②用合成方法开发可生物降解塑料。合成方法有微生物合成法和化学合成法两种。微生物合成生物降解塑料有通过微生物发酵、聚合的脂肪聚酯物质，具有良好的生物可降解性，但其机械强度较差。化学合成生物降解塑料则由树脂和添加剂经聚合反应而获得较好的机械力学性能，在废弃后又能快速生物降解。

4.4　金属包装材料

金属包装材料的应用虽然仅有一百多年的历史，但发展很快，品种繁多，被广泛用于工业产品包装、运输包装和销售包装中。金属包装材料是通过把金属压延成薄片，制成包装容器的一种材料。主要有金属薄板即刚性材料和金属箔即软性材料两种形式。

4.4.1　金属包装材料的特性

（1）金属包装材料的优点

①机械性能优良、强度高，刚性好，耐压强度高，不易破损。其容器可薄壁化，适合于大型沉重货物和危险品的包装。

②具有极优良的综合防护性能。金属的水蒸气透过率很低，完全不透光，能有效地避免紫外线的有害影响。其阻气性、防潮性、遮光性和保香性大大超过了塑料、纸等其他类型的包装材料，能长时间保持商品的质量，货架寿命长。

③加工性能优良，具有很好的延展性和强度，可以轧成各种厚度的板材、箔材，板材可以进行冲压、轧制、拉伸、焊接制成形状大小不同的包装容器；包装形式多样，箔材可以与塑料、纸等进行复合；金属铝、金、银、铬、钛等可镀在塑料薄膜或纸张上。

④具有特殊的金属光泽，易于印刷装饰，各种金属箔和镀金属薄膜是非常理想的商标材料。

⑤金属包装材料资源丰富，相对于陶瓷，玻璃能耗和成本也比较低。而且具有重复可回收性，从环境保护方面讲，是理想的绿色包装材料。

（2）金属包装材料的缺点

①化学稳定性差，容易锈蚀、耐蚀性不如塑料和玻璃，须镀层或涂层保护。

②金属材料中不同程度地含有重金属，对商品及人体有危害。

③材料价格较高。

4.4.2　金属包装材料的种类

目前包装用金属容器主要有金属罐、金属软管、金属箔制品。

（1）金属罐

金属罐可分为三片罐、二片罐、食品罐。

①三片罐（又称接缝罐、敞口罐）由罐身、罐盖和罐底三部分组成。罐身有接缝，根据接缝工艺不同又分为锡焊罐、缝焊罐和粘接罐。

②二片罐是由与罐身连在一起的罐底加上罐盖共两部分组成。罐身无接缝。

③食品罐一般用于制作罐头，是完全密封的罐，完全密封的目的，是为了在充填内装物后，能加热灭菌。食品罐所用的材料是镀锡铁皮、无锡铁皮和铝皮。

（2）金属软管

金属软管是由金属锭材轧成板材并制成料块，然后送入冲床制造出来的。金属软管已经成为半流体状、膏体状产品的优秀包装容器。如牙膏、刮胡膏、化妆品、药品等。任何有可延性的金属，均可制作包装软管，但最常用的金属是锡、铝及铅。锡的价格贵，但用锡制作的小管因用料很少，所以比较便宜。用表面镀锡薄层的铅金属薄片制造软管，具有与锡相同的外观和抗氧化作用，比纯锡价廉。金属锡制作的包装容器宜于包装食品、药品或任何需考虑纯度的产品。

金属软管的印刷装潢是在多轴胶印机上进行的，一般经过涂底漆、干燥、胶印等步骤。有时，也在挤出模的管肩部位模压上凹凸图案或符号，但这些装饰不易印刷。

(3) 金属箔制品

金属箔有铁箔、铝箔、铜箔、钢箔等几类，可制成形状多样、精巧美观的包装容器，目前常用的主是铝箔容器。

铝箔容器是指以铝箔为主体的箔容器，随着商品种类的多样化及高档食品的普及，铝箔容器在食品包装方面的应用日益增多，同时也广泛应用于医药、化妆品、工业产品的包装。

铝箔容器的优点有：轻，外表美观；传热性好，即可高温加热又能低温冷冻，能承受温度的急剧变化；隔绝性能好，厚度0.015mm以上的铝箔对光、水、气体、化学及生物污染有完全的隔绝作用；加工性能好，可以制成形式、种类、容量各不相同的容器；容器表面可进行精美彩色印刷；开启方便，使用后易处理。

铝箔用于包装容器的形式有两类，一类是以铝箔为主体经成型加工制得的成型容器，有盒式、浅盘式等；另一类是袋式容器，又称软性容器，是以纸和铝箔，塑料和铝箔，纸、铝箔和塑料粘接的复合材料制成的袋式容器。如蒸煮袋外层聚酯，中间铝箔，内层为高密度聚乙烯、聚丙烯或乙烯和丙烯共聚的层合材料。塑料薄膜热封性好，铝箔隔绝性能好，集各层的优点使包装物具有良好的包装有效期。

图4-11　金属罐包装

图4-13　金属罐包装

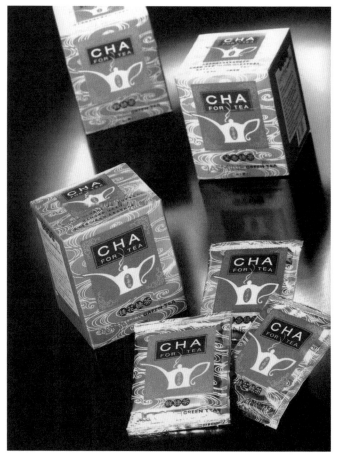

图4-12　金属箔包装

4.4.3 金属包装材料的发展趋势

金属包装产品品种多，规格复杂，主要产品有铝制二片罐、马口铁三片饮料罐、食品罐头罐、气雾罐、各类瓶盖、易拉盖及各种杂罐。随着我国人民生活水平的提高、消费习惯的改变，金属包装印刷、金属包装材料、容器的生产得到了长足的发展。金属包装印刷产品从以往的单一色彩罐，如糖果罐、饼干罐、茶叶罐等，发展到目前色彩丰富的瓶盖、饮料罐、烟酒类包装等。应用于日常生活中的金属包装规模不可估量，存在强劲的增长动力。

随着食品安全日益受到世界各国的高度重视，金属包装成为保证食品安全的首选。饮料和肉食、水果罐头选用最多。这是因为：①金属罐是唯一能够提供100%保护性能的包装。金属罐能完全阻隔氧气、水蒸气、光以及外界污染物，而塑料瓶、软包装袋则不具备金属罐的阻隔性能，即使是含铝箔的铝塑复合包装也会因外力揉搓和针孔而使其阻隔性能下降，所以阻隔性能最佳、最能保证食品安全和品质的包装是金属罐。②装入食品后的金属罐可以进行高温杀菌，从而消除任何细菌和微生物对食品的污染，这是金属罐具有的独特优势。③金属罐上很易采用无线射频识别（RFID）标签技术，能够对产品的整个物流过程进行自动跟踪，防止假冒商品混入，保障食品安全；同时RFID智能标签还能告诉消费者内装食品的新鲜程度，从而更好地保障消费者的健康。④金属包装易于回收利用。在金属包装中，铝罐的回收率一直保持前列，它既可经清洗灭菌后重新灌装饮料，也可以回收再生，市场上约一半的铝罐是用回收铝罐制造的。

4.5 玻璃与陶瓷包装材料

玻璃在中国古代称为琉璃，是一种透明，强度及硬度颇高，不透气的物料。其主要原料是石英砂、长石、纯碱、石灰石等天然矿石。玻璃容器可以盛放饮料、牛奶、油、化妆品等，用途十分广泛。

陶瓷是中国人发明的，以黏土为主要原料以及各种天然矿物经过粉碎混炼、成型和煅烧制得的材料。陶瓷容器可以盛放酒、传统调味品、酱菜、食品等。与玻璃容器相比，陶瓷容器耐火性、隔热性更好，同时陶瓷容器具有典型的东方文化特色，陶器容器包装大量应用在我国传统商品包装中，在出口商品包装中有广阔的市场前景。

4.5.1 玻璃包装材料的特性

（1）玻璃包装材料的优点
①阻隔性能优良，可加色料改善遮光性。
②化学稳定性优良，耐热、耐压、耐清洗、耐腐蚀，不污染内装物。
③既可高温杀菌，也可低温贮藏，长期储存食品、饮料，风味不变。
④阻隔性好，不透气，光洁透明，造型美观。
⑤原材料丰富，可回收复用，降低成本。

图4-14　光洁透明的玻璃容器　　　　　　　　图4-15　玻璃与金属搭配的容器

（2）玻璃包装材料的缺点

　　质量大，质量与容量比大，脆性大、易碎，能耗较大。

4.5.2　玻璃容器的种类

　　①按制造工艺分类　玻璃瓶一般分为模制瓶（使用模型制瓶）和管制瓶（用玻璃管制瓶）两大类。模制瓶又分为广口瓶（瓶口直径在30mm以上）和窄口瓶两类。广口瓶用于盛装粉状、块状和膏状物品，窄口瓶用于盛装液体。

　　②按瓶口形式分类　为软木塞瓶口、螺纹瓶口、冠盖瓶口、滚压瓶口、磨砂瓶口等。

　　③按使用情况分类　为使用一次即废弃不用的"一次瓶"和多次周转使用的"回收瓶"。

　　④按盛装物分类　可分为酒瓶、饮料瓶、油瓶、罐头瓶、药瓶、试剂瓶、输液瓶、化妆品瓶等。

4.5.3　玻璃容器的成型

　　首先要设计确定并制造模具，玻璃原料以石英砂为主要原料，加上其他辅料在高温卜溶化成液态，然后注入模具，冷却、切口、回火，就形成玻璃瓶。

图4-16　广口瓶包装　　　　　　　　　　　图4-17　多种瓶形包装

玻璃瓶的成型按照制作方法可以分为人工吹制、机械吹制和挤压成型三种。

①人工吹制 一种传统而古老的方法，使用长约1.5米的中空吹管，以人嘴吹制，要求工人要有娴熟的技术和丰富的经验，现在主要用于制作形态复杂的工艺品玻璃容器。

②机械吹制 采用全自动成型机械进行吹制，主要用于制造形状固定，需求量大的玻璃容器。

③挤压成型 将玻璃溶液注入模型腔中挤压而成。容器表面的光滑、光泽程度直接受到模具表面状况的影响。此方法产量高、价格低、造型多样，但体壁较厚。

4.5.4 玻璃包装材料的发展趋势

图4-18 利用玻璃材料的折射与壁厚出现的特殊视觉效果

玻璃包装材料的使用至今长久不衰，具体发展趋势如下：①多功能化。玻璃包装产品，除具有包装的基本功能之外，还应具有其他的功能，如在玻璃容器外表面雕刻印刷美丽的图案，消费者使用完后，可直接作插花花瓶或作永久收藏使用。②轻量强化。为改善或提高玻璃容器的抗张强度和冲击强度，采取一些强化措施使玻璃容器的强度得以提高，强化处理后的玻璃称为强化瓶。若强化措施用于轻量瓶上，则可获得高强度轻量瓶。这种轻量强化玻璃瓶可以降低运输成本和提高耐热冲击性能。③瓶色多样化。根据不同的消费对象，在玻璃的制造过程中加入着色剂（如加入氧化铁、氧化锑），可以形成不同瓶色的玻璃包装容器。④瓶口、瓶盖多样化。瓶口按其结构来分，可分为软木塞口瓶、螺纹口瓶、冠盖口瓶、磨砂口瓶、凸耳盖口瓶等，其使用的瓶盖有木塞、螺旋盖、王冠盖、塑料盖、凸耳盖等。为了方便消费者使用玻璃包装容器，瓶口、瓶盖的种类将越来越多。

4.5.5 陶瓷包装材料的特性

（1）陶瓷包装材料的优点

①造型丰富多样，具有极大的创意空间。釉面色彩艳丽、光泽度好。窑变技术使陶瓷容器表面肌理纹样多姿多彩，具有强烈的东方民族艺术特色。

②抗腐蚀能力强，抗氧化、抗酸碱、抗盐的侵蚀。

③阻隔性好，耐火、耐热、耐高温。

④化学性能稳定，成型后不会变形。

⑤原材料丰富，成本不高。

（2）陶瓷包装材料的缺点

自重大、容易破碎，尺度精度不高，不宜回收。

4.5.6 陶瓷容器的种类

陶瓷容器的品种繁多，它们之间的化学成分、矿物组成、物理性质以及制造方法，常常互相接近交错，无明显的界限，而在应用上却有很大的区别。按所用原料及坯体的致密程度可分为粗陶、细陶、炻器、半瓷器、瓷器，原料是从粗到精，坯体是从疏松多孔，逐步到达致密，烧成温度也是逐渐从低趋高。

图4-19　瓷瓶酒包装　　　　　图4-20　陶瓶酒包装

①粗陶是最原始、最低级的陶瓷器，一般以一种易熔黏土制造。粗陶的烧成温度变动很大，要依据黏土的化学组成所含杂质的性质与多少而定。烧成后坯体的颜色，取决于黏土中着色氧化物的含量和烧成气氛，在氧化焰中烧成多呈黄色或红色，在还原焰中烧成则多呈青色或黑色。

②精陶按坯体组成的不同，又可分为：黏土质、石灰质、长石质、熟料质四种。黏土质精陶接近普通陶器。石灰质精陶以石灰石为熔剂，其制造过程与长石质精陶相似，而质量不及长石质精陶。长石质精陶又称硬质精陶，以长石为熔剂，是陶器中最完美和使用最广的一种。精陶用以大量生产日用餐具(杯、碟盘予等)及卫生陶器以代替价昂的瓷器。

③炻器接近瓷器，但它还没有玻化，仍有2%以下的吸水率，坯体不透明。炻器具有很高的强度和良好的热稳定性，很适应于现代机械化洗涤，并能顺利地通过从冰箱到烤炉的温度急变，在食器、茶具中广泛使用。其中，紫砂壶最具代表性。

④半瓷器的坯料接近瓷器坯料，但烧后仍有3%~5%的吸水率，所以它的使用性能不及瓷器，比精陶则要好些。

⑤瓷器是陶瓷器发展的更高阶段。它的特征是坯体已完全烧结，完全玻化，因此很致密，对液体和气体都无渗透性，胎薄半透明，表面光滑。

4.5.7　陶瓷包装材料的发展趋势

在众多酒容器中，具有中国传统风格和特色的陶瓷酒瓶独领风骚。近年来越来越受到消费者喜爱，尤其以陶瓷材质为代表的现代酒瓶，更是内涵丰富，已经超出了仅为盛酒容器的概念，赫然变为一种特有的包装艺术品类和雅俗文化的载体。

具体发展趋势：①注射成型、注凝成型和固体无模成型技术将成为最具批量化应用潜力的成型技术，微波烧结、放电等离子烧结技术将会给陶瓷材料包装性能带来质的飞跃。②陶瓷精密加工技术。由于陶瓷加工性能差，加工难度大，稍有不慎就可能产生裂纹或者破坏，因此，不断开发高效率、高质量、低成本的陶瓷材料精密加工技术已经成为国内外陶瓷包装材料领域的热点。电火花加工、超声波加工、激光加工和化学加工等精密加工技术逐步在陶瓷加工中被广泛应用。

4.6　天然包装材料

天然包装材料是指利用天然的材料，如木、藤、草、竹、等来作为包装材料。天然包装材料给人一种质朴的感觉，带给人一种纯天然的精神享受。例如，利用玉米叶、香蕉叶、棕榈叶、椰子叶等作为包装食品的材料，其天然形成的叶脉和纹理印在食品上所形成的丰富纹理效果，可以激发消费者全新的视觉感受和心理情感。天然包装材料在很大程度上带有人类生活原型的特点，其内容贴近日常生产与生活方式，从形式上反映出了多种多样的民间风格样式。天然包装材料作为一种无污染的绿色包装材料，是人与自然和谐相处的绝好体现。随着高科技在天然包装材料中的应用，其将有更加广阔的市场前景。

4.6.1　天然包装材料的特性

（1）天然包装材料的优点
①外观和谐，淳朴自然，对人体危害少，与人的亲和感强。
②来源广泛，易于制造，价格低廉。
③种类丰富，适用性强，可以满足各种包装用途。
④资源可再生，废弃后容易在自然环境中降解。

（2）天然包装材料的缺点
不宜于机械化加工，生产效率低。

4.6.2　天然包装材料的种类

（1）木材
木材是一种天然的包装材料，具有悠久的包装历史。木材统分为软材和硬材两种：针叶树材如马尾松、云杉等冬季不落叶的树种称为软材；阔叶树材如柞木、水曲柳、香樟、檫木及各种桦木、楠木和杨木等冬季落叶的树种称为硬材。

木材常被加工成木箱、木盒等包装形式，具有强度大，有一定的弹性，能承受冲击和振动，加工简单，可反复使用的优点，常用于大型货物的外包装。缺点是容易受潮变形、腐朽溃烂，易燃、易受虫害，重量大于瓦楞纸，拆卸较费时。常用于高档酒类、月饼、食品等礼品包装和运输包装。

（2）竹藤
竹藤是一种非常常见的包装材料，多用于民间传统商品的包装。如传统食品、传统工艺品，竹藤包装因地制宜、形式多样，具有深厚的文化底蕴。用竹子做的包装容器有：竹筐、竹笼、竹瓶等，有耐摩擦、耐冲击、耐油、耐火、耐腐蚀、有弹性等优点。用藤条编织的包装有筐、篓等，其特点是弹力较大、韧性好、拉力强、耐冲击、耐磨擦。

(3) 纺织品

纺织纤维经过加工织造而成的产品被称为纺织品，包括棉、麻等植物纤维，羊毛、蚕丝等动物纤维和石棉、玻璃等矿物纤维。中国是世界上最早生产纺织品的国家之一，纺织品自古以来就被广泛地用于各种包装上。如古代成语"锦囊妙计"中的"锦囊"就是指包装文字资料的包装袋。纺织品还用来制作高档首饰、珠宝玉器等高级工艺品的包装材料，并一直沿用到今。

图4-21　木材包装

图4-22　竹藤包装

图4-23　天然草编包装

图4-24　纺织品包装

4.6.3　天然包装材料的发展趋势

天然材料取之于自然，是最原生态的材料形态，给人原汁原味的天然之美，其物质成本低廉，废弃后能快速降解、无污染、低碳环保，是体现天然趣味包装类型的最佳选择；同时，它经过适度加工，可废物利用，从而进一步带动林产品的开发和应用，创造可观的经济效益。

具体发展趋势：①可食性包装。一些天然材料具有可食性，利用其可食性的包装则是天然包装材料功能的一种独特化表现形式。例如，香肠的肠衣、糖果的糖衣等。可食性包装材料对人体无害，主要用于食品和药品包装。②仿生包装。仿生包装是在研究自然界生物体的典型外部形态结构特征及其象征寓意认知的基础上，以自然界生物机体的形态为原型进行再加工创造的设计思维方法和设计手段。天然包装材料来源于大自然，材料的色彩、样式以及亲和力对于表现仿生效果具有天然的优势。

4.7　复合包装材料

复合材料是两种或两种以上材料，经过一次或多次复合工艺而组合在一起，从而构成一定功能的材料。复合材料的性能取决于组成它的基本材料。

复合包装材料在结构上应扬长避短，发挥所组成物质的优点，扩大使用范围、提高经济效益，使之成为一种更实用、更完备的包装材料。例如，利用复合技术生产的树脂，具有良好的拉伸强度、抗冲击强度、良好的透明性以及较好的低温热封性和抗污染性，以其作内层的复合材料广泛使用于冷冻食品、冷藏食品、油、醋、酱油、洗发水、洗涤剂等商品的包装内膜。能解决上述产品在包装生产、运输过程中的包装速度、破包、漏包、渗透等问题。

复合包装材料的出现是包装发展史上的巨大进步，不但改变了过去旧有的包装概念，而且还带动了包装机械、包装工艺、包装材料及技术的重大变革。功能完美、品种多样、价格低廉、适应不同种类产品需要的复合包装材料，为现代包装工艺带来了极大的经济效益。例如，利用玉米蛋白质与纸加工而成的复合包装膜，可以在自然条件下很容易地分解成有机物，适用于油脂较重，浸透性强的高含油脂食品包装以及快餐业、月饼等食品企业。该膜主要用于快餐盒和其他带油食品的包装内层，不会被油脂渗透。

复合包装材料也带来了一些负面影响，如复合包装材料的回收问题以及与大自然的和谐问题。为了方便回收，应该尽量采用单一材料的包装；而为了满足包装多功能的需要，又要选用多种材料的组合。这是一个相互矛盾问题，所以，复合材料的发展应该向多功能单层材料和便于回收、循环使用的方向发展。

复合包装材料的发展趋势有：①多功能性。包装材料的多功能性已成为近几年国内外的一个研究热点，涌现出一批新材料、新技术。在食品复合包装材料中就有高阻渗性、多功能保鲜膜、无菌包装膜等。例如，专用于包装肉类的双层叠加膜，其外层是具

图4-25　复合材料包装

图4-26　复合材料包装

图4-27　多种材料复合包装

有特殊结构和性能的高密度聚乙烯薄膜，内层是可食用纸。用该膜包装肉品可解决普通材料包装肉类会浸出血与油脂、紧贴肉上不易分离并使表面结构结成硬皮的问题，能保持肉类原有的色、香、味。②方便回收性。由于复合材料基本上是多层不同材质层合或共挤而成，层间结合力大，不易分开，因此给回收利用造成了很大困难。所以，复合包装材料的方便回收利用是将来的发展趋势。③轻便性。复合包装材料必须向减量化方向发展。很多实例表明复合包装需要用掉比普通包装更多的材料，最终使得包装变得"身材臃肿"，增加材料成本和运输成本。所以，在不影响性能的前提下，降低复合包装材料的重量是发展趋势之一。

本章小结

包装材料的选择是包装设计的重要一步，需考虑材料的保护性能、安全性能、操作性能、便利性能、销售性能，还要考虑材料与成本的合理性、与被包装物的匹配关系等。本章讲述了不同包装材料的优劣性能，以及不同材料的肌理构成特点和触觉特性。通过对纸、塑料、金属、玻璃、陶瓷、天然材料、复合材料等包装材料的分析比对，发掘各种包装材料的特性及发展趋势，从而理解不同触感的包装材料对人们消费心理产生的影响。这对于研究消费者心理和包装设计都有重要的现实意义。

思考练习题

1．纸、塑料包装材料在选用中的共同点及区别是什么？
2．玻璃、陶瓷包装材料的共同点及各自优势是什么？
3．从市场调研开始，选择一款天然包装材料的商品包装，讨论天然包装材料在现代社会中的优势。

实训课堂

课题：了解各种包装材料的加工工艺。
1．方式：考察调研。
2．内容：实地调研当地大型包装生产企业，深入车间，参观包装纸盒的印刷、覆膜、模切、上光、烫印、凹凸压印、UV、裱糊，包装容器的开模、灌料、烧制等一系列生产工艺。通过实地考察撰写包装材料及工艺的调研报告。
3．要求：调研报告要表达真实感受、内容翔实，不少于3000字。

第5章

包装容器与纸盒结构

▶▶ **学习提示**

本章通过对包装容器造型与纸盒结构设计的讲述，旨在让学生掌握包装设计的立体空间
创意与表现方法，了解包装材料与工艺在包装容器造型与盒形结构中的可行性。

▶▶ **学习目标**

　　▶掌握包装容器设计的原则与方法。
　　▶掌握包装纸盒结构图绘制的方法。
　　▶理解常用包装纸盒类型的结构。
　　▶了解包装容器模型制作的方法。

▶▶ **核心重点**

包装立体空间的设计理解与创新。

▶▶ **本章导读**

包装容器与纸盒结构是一门空间立体的艺术，涉及包装材料、加工工艺、人机工学等艺
术学科以外的知识，是一种更为广泛的设计创造活动。包装设计师要突破包装装潢设计
中重视觉表现、轻造型结构的弊病。不能随意主观地确定包装容器与纸盒的外观造型，
要克服困难与限制，了解材料与工艺在容器造型和纸盒结构中的可行性，设计出功能完
美、形式独特的包装容器和纸盒结构。

5.1 包装容器造型设计

广义上讲，所有能够盛装物质的造型都可称为容器。从材料上可分为玻璃容器、竹木制容器、陶瓷容器、金属容器、塑料容器、草制容器、皮革制容器、纸容器等。从形态上可分为瓶、缸、罐、杯、盘、碗、桶、壶、碟、盒等。包装容器造型设计就是对这些容器的造型进行科学、合理、美观、实用的设计，是包装设计中非常重要的环节。

包装容器造型以保护商品、方便使用和传达信息为主要目的，它包含着功能性、技术性和形式感三方面要素，是这三方面要素紧密联系并与现代化工业大生产相结合的一种设计。由于包装容器造型涉及食品类、酒类、化妆品类、药品类、文化用品类、化学工业品类等诸多门类，而每一门类的商品特性与材料运用的差异性较大，在视觉方面，其造型语言也是因题而异。所以，正确处理包装容器造型中各种要素间的关系和视觉形态，是合理进行包装整体设计不可或缺的重要条件。

5.1.1 包装容器与空间的关系

包装容器设计是一种立体造型活动，与空间有着密切关系。所以，在包装容器设计中不能只局限地考虑容器的造型及形体上的装饰。作为三维空间的包装容器，有自身容量空间、陈列组合空间、所处环境空间，三种空间关系。这三种空间是决定包装容器造型的关键，不能孤立地只看待其中某个空间，必须从整体出发，协调好包装容器与空间的关系。

包装容器内部容量的大小决定了包装容器的容量空间。组合空间是指容器与容器之间排列组合形成的空间。环境空间则是容器与自身所处环境所产生的空间关系。这三种空间是由个体到整体、由小到大、由容器自身到消费者的递进关系。

图5-1 包装的容量空间与组合关系

图5-2 不同容量产生的空间关系

5.1.2　包装容器的造型方法

①切割　容器造型一般包括球体、圆柱体、圆锥体、立方体、长方体、方锥体六大基本几何形体。包装容器造型可根据构思先确定基本几何形态，然后进行平面、曲面、平曲结合切割。由于切割时的切点、角度、大小、深度、数量等差异，从而获得不同形态的造型。如法国香奈尔香水的造型基本型为立方体，只有在棱角部位略有变化，整个造型简洁挺拔极富现代感，给人一种清澈透明的感觉。

图5-3　多种切割手法

②组合　两种或两种以上的基本形体，依照造型的形式美法则，在形状、体量、方向、位置等方面变化，从而组合成不同的立体形态。在设计时要注意组合的整体协调。

③空缺　指根据便于携带、提取的需求，或单纯为了视觉效果上的独特而进行虚空间的处理。空缺的部位可在容器正中或一边，可大可小，但空缺的形状要单纯，避免纯粹为了追求视觉效果而忽略容积的问题。

④凹凸　在容器上进行局部的凹凸变化，可在一定的光影作用下，产生特殊的视觉肌理效果。凹凸程度应该与整个容器相协调。

⑤变异　相对于常规的均齐、规则的造型而言。其变化的幅度较大，可以在基本形的基础上进行弯曲、倾斜、扭动等变化。此类容器一般加工成本较高，多用于高档的商品包装。变异后的容器具有一种独特的不对称美，但要注意容器的重心及其稳定性。

⑥拟形　一种模拟的造型处理方法，通过对某种物体的模拟，取得强烈的趣味性和生动性的艺术效果，但造型要简洁、概括、便于加工。

⑦配饰　通过与容器本身不同材质、形式所产生的对比来强化设计的个性，使造型更趋于风格化。配饰的处理可以根据容器的造型，采用绳带扎结、吊牌垂挂、饰物镶嵌等。要注意配饰只是起到衬托、点缀的作用，不要喧宾夺主。

图5-4　多种形态组合手法

图5-5　空缺手法

图5-6　凹凸手法

图5-7　变异手法

图5-8　拟形手法

图5-9　配饰手法

5.1.3　包装容器的造型线

　　线是立体造型的最基本设计要素之一，是最富有表现力的一种手段。线的对比能强调造型形态的主次及丰富形态的情感。线形归纳起来可分曲线与直线两大类，但变化是无穷的。

　　在包装容器造型设计中，线分两种，一种是形体线，一种是装饰线。

　　①形体线　形体线是构成容器外形轮廓的基本元素，它决定了容器造型的基本形态，是表示三视图的线。在设计时要确定容器造型是以直线为主，还是以曲线为主，或曲直结合。直线所构成的形面和棱角往往给人以庄严简洁之感，曲线所构成的形面给人以柔软活泼和运动之感。形体线的复杂多变，决定了容器造型的多姿多彩和千变万化。

图5-10 曲线为主的形体线

图5-11 直线为主的形体线

图5-12 包装容器的形体线变化

图5-13 包装容器的装饰线变化

②装饰线 装饰线是容器整体造型的一部分，能起到加强瓶体装饰效果的作用。装饰线既能丰富形态结构，又能制造不同的质感和肌理效果。设计时要注意装饰线的方向、长短、疏密、曲直等对比效果的运用。

5.1.4 包装容器的比例

比例是指包装容器各部分之间的尺寸关系。一般把容器造型分为盖、口、颈、肩、胸、腹、足、底八个部位。这八个部位任何一根形线的变化都使造型产生变化，要设计与众不同、独具特色又具有造型美的包装容器，必须研究这八个部位线形和面形的比例变化。线形和面形的比例变化决定了包装容器造型的体积容量、功能效用和视觉效果。例如，在酒包装容器造型中，胸腹部一般采用直线，颈肩部采用曲线。通过长短与角度及曲直线型的变化，可以产生很多造型，而且性格各异。有的酒包装容器造型，胸腹直线部分较长，肩部采用端肩，造型给人一种庄严、雄伟之感；有的酒包装容器肩部采用溜肩造型，曲线弧度小，直线与弧线自然过渡，这种造型清新洒脱、柔和秀美。在包装容器比例变化设计中要注意由于三维比例关系改变所引起的形体稳定性问题。如酒容器设计，如果纵向比例过高，而底部平面面积过小，虽然会产生不一般的视觉感受，但同时也会由于重心不稳，而在展示陈列时容易发生倒塌跌落而伤人的危险情况。

图5-14 包装容器的浑厚之美

图5-15 包装容器的阳刚之美

图5-16 包装容器的纤细之美

5.2　包装容器设计原则

消费市场竞争日益激烈，包装容器的设计不仅仅是容纳、保护商品的简单作用，更要有方便使用、促进销售、建立企业形象的重要功能。现代包装容器造型设计，不仅要考虑产品的内容成分、容量、规格等物理化学因素，还要反映当代社会价值观念与消费者生活形态。以下几点是包装容器的设计原则：

5.2.1　容器造型要适合商品特点

适合商品的使用特点，指包装容器设计的实用性，这是设计包装容器时应该首先考虑的。在结构、造型上符合所装内容物的自然属性是实用性的具体表现。例如，膏状化妆品，瓶型应该瓶口大、瓶身浅，这样容易使用；香水易挥发，瓶口应该小一些，这样可以使香水味保存得更持久，而且倒出使用时，也容易控制剂量；饮料类包装容器的容积最好根据一般人能一次喝完的基本标准来设计，既不浪费资源，又便于消费者携带。

5.2.2　容器造型要适应使用环境

生活水平的提高与消费意识的觉醒使商品使用环境越来越细分化。因此，包装容器设计还需要考虑具体的使用地点、条件及其与环境的关系，赋予包装容器以不同的特征，使设计进入预定的目标市场。如一款洁厕灵容器头部造型，设计成鸭嘴型，非常适宜于清洁座便器内壁里侧的污垢。再如，有的饮品包装容器瓶盖即是一个杯子，以便于外出使用。

5.2.3　容器造型要符合人机工学

包装容器直接与人发生作用，其造型设计应该符合人机工学的要求。包装容器中的人机工学最主要考虑的是容器与人手的关系。因为，只有通过手的各种动作，才能随心所欲地使用容器。所以，凡是手所接触到的容器部位，都要考虑到手的宽度和手的动作。例如，当容器的最大直径超过9cm时，就容易从手中滑落。容器的直径和高度与手的握力有关，需要用很大握力的容器，就要将手指全部放上，因而容器的高度要比手幅的宽度长；相反，不需要握力大的容器，只需把必要的手指放上时，容器高度就可以短些。另外，由于不同的年龄，相应的握力也不同，因此，容器造型的粗细、长短要考虑使用对象的年龄。

符合人机工学是包装容器人性化设计的最好体现，设计师要设计出具有亲和性、宜人性的容器造型，更好地为人所使用。例如，在瓶盖周边设计一些凸起的点或线条，可以增加摩擦力便于开启，尤其是在手掌出汗湿润时也能比较容易打开；易拉罐的直径尺寸不能太大，容量也要轻重适当，以便于单手握持。

图5-17　香水圆形造型

图5-18　便于单手握持的造型

图5-19　便于手指插入的造型

5.2.4　容器造型要体现材料自身的质感

　　材料是包装容器造型的物质基础，包装容器造型的艺术感染力，可以通过光、色、形等材料的自然属性传达给消费者的感官系统。由于容器材料的组织和构造不同而使人得到的视觉质感与触觉质感，材料的重量感、柔软感及冷暖感而不同。不同材料质感都会使人产生丰富的审美体验与精神共鸣。设计师要以一种审美的态度和创造精神对待包装容器造型的材料质感表现，最大限度地赋予包装容器以视觉魅力。

图5-20　陶瓷的质感表面沉稳内敛　　图5-21　金属与玻璃的结合使容器质感更加独具特色　　图5-22　金属质感充满现代感　　图5-23　玻璃质感流露出优雅的气质

5.2.5　容器造型要清晰传达自身的功能信息

　　包装容器除了实现基本功能外，还应有明确的指示功能设计，不同包装容器造型应该有明确的差异性，如用手"捏"与用手"抓"的造型是不能混淆的。通过结构、造型、色彩及肌理的变化与对比，形成视觉语言的暗示与引导，必要时也可以设计一些附件，以自身形式语言十分清楚地传递出包装容器的操作方式。例如，洗手液容器的出口设计，应该使人在第一次使用时，就能判断出如何操作，是按还是旋转，都应该以明确的形态语意给予暗示与引导。

图5-24　不对称的包装容器

5.2.6　容器造型要利用人的视错觉

　　人的视错觉是对客观事物的不正确感知，是基于经验主义或不当的参照形成的错误的判断和感知。我们日常生活中，所遇到的视错觉现象很多，在包装容器造型设计中要善于利用视错觉，矫正错觉现象。常见的错觉现象及矫正方法有：

　　①直立圆柱体的中部易看成内凹　改正方法为：圆柱体中部需要稍微向外凸，方显充实挺拔。

　　②平面的容器顶部易看成下陷　改正方法为：稍微向上凸，形体方显结实，饱满。

　　③同一形体，上下大小一样则显得上大下小　改正方法为：适当缩小上半部则显得上下相当。

右图是一款来自英国的威士忌酒容器，外形如一滴下落的泪珠，晶莹剔透。独特的外形瞬间就会吸引消费者的注意力。泪滴状的水晶玻璃瓶身上，切割出75道如缎带般华丽的切割面，象征这款酒有着75年漫长的精酿岁月。搭配两个同样是手工打造的水晶杯，杯身上同样有道浅浅划过的切痕，与瓶身相互呼映。表面的切痕起伏在光照下使酒液更加纯净，流淌的划痕加助了水滴的坠落感，表达出不要固执地把Mortlach 75收藏在暗不见天日的酒盒中，而应该抱着"分享的精神"与好朋友一同共饮。

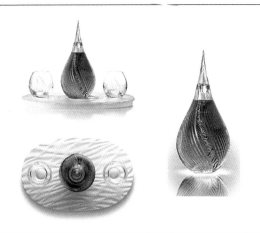

5.3 包装容器模型制作

包装容器是三维立体的物体，造型设计要在空间、形体、材料、触觉、视觉等各方面因素的考虑下，才能取得成功。因此，容器模型的制作就显得尤为重要。容器模型制作方法有木材、金属、硅胶等，而石膏模型是包装容器模型制作最常用的方法。

石膏模型的制作方法有雕刻法、翻制法、机轮旋制法。

①雕刻法 可预先浇注出大致形态，成型后再对模型的表现及细部进行精修细刻，直到最后完成。雕刻过程要由粗到细、由整体到局部再到整体，要不时地从各个角度和各个面去比较、去审视、去测量，这样模型的整体感才强

②翻制法 首先寻找模型的实物原形，按实物原形制一个模子，再将较稀的石膏浆浇注在模子中，待石膏浆干固后取出石膏模型的模胚，进行修饰、整形着色等。

③机轮旋制法 在机轮轮盘上旋制做出石膏模型的一种方法。具体程序是：首先，根据所要旋制的造型直径尺寸，用油毡卷出圆筒，用线绳和铁夹固定在轮盘上的同心圆周线上。然后，注入石膏浆，待石膏浆凝固还未硬结时，把围筒取下。迅速把柱体旋正并找出同心，把柱体的顶部旋平再找出造型的高度和最大直径。最后，仔细加工修整，调整比例关系，制出完整模型。

下面简单介绍翻制法的制作过程：

首先按照容器的三视图做好模型，模型一般用雕塑泥塑造。泥塑模型表面的结构起伏要做完整，表面要尽量光滑。如果泥塑模型表面弯曲程度复杂、凹槽过多、形状奇异，就会造成做模子困难，脱模子也困难，脱模时往往会伤及表层。所以，泥塑模型不宜太过复杂。在泥塑模型半干的状态下，沿着模型两侧的中轴线插上插片（插片不要太厚，用易拉罐剪成插片是一种好方法）。再把泥塑模型表面涂上隔离液（肥皂水、洗洁精可代替），就可以在泥塑模型上面浇注石膏浆了。

调制石膏浆。石膏浆的调制方法简单，将石膏粉按1∶1.2的比例一层一层均匀的撒在水里，直到石膏粉不再沉淀为止。由于石膏浆干固时间较短，而且要看天气而定，晴朗的天气一般是5min左右，阴雨天气则稍微长一些。然后用手在里面沿着一个方向均匀的搅拌，注意不要在石膏浆里产生气泡。

图5-25 翻制雕刻成型法 (学生作品)

石膏浆调制好后，先用刷子往泥塑模型表面刷一层石膏浆，然后再用刷子将石膏浆从上至下"淋"在泥塑模型上。等石膏浆稍具稠度时，再以餐刀堆上厚度。反复多次，直到厚度达2.5~3cm为止。待石膏浆干固以后，把插片拔出，掰开石膏模。清理石膏模框的内壁，直到没有黄泥为止。

石膏模框清理干净以后，在内壁表面涂上隔离液（肥皂水、洗洁精可代替）。然后，将两半模框对接成一体，用泥条把两半石膏模框的接缝填塞严密，再用绳子系绑牢固，再把调制好的石膏浆浇注在模框内，待石膏浆渐渐固化并发热，大约半小时后（注意要在石膏完全变硬以前）拆去模框，留下石膏模型。

为了使石膏模型表面更平滑，可以用毛刷蘸水洗刷表面，或者用布蘸石膏粉由粗到细修饰表面，这样就能得到表面光洁的效果。如果模型表面有缺陷或边角崩缺则需要修补，首先要湿润需要修补处，然后用石膏浆（可加入少量白胶）填平，等干燥后打磨平整。

从平面的三视图到立体的实物模型，是包装容器造型设计的必要过程。通过模型可以更加直观地感受到容器的实物形态，可以对形体所产生的透视变形、错觉等现象，进行及时矫正，从而使容器造型设计准确无误。

5.4 3D打印技术的应用

3D打印机技术是基于原料喷射成型原理的技术，属于快速成型技术的范畴，与喷墨打印机的工作原理类似，它综合应用了CAD/CAM技术、激光技术、光化学及材料科学等诸多方面的技术与知识。3D打印机与普通打印机只能打印一些文本报告等平面纸张资料不同，它可以将电脑上设计的3D模型通过打印的方式快速输出固体实体模型。传统的模型制作加工手法与雕塑制作相似，都是在一个整块材料，依据设计用减法的方式减去无用的部分，剩下的部分为模型，相对于3D打印费时费力，效率低下。

5.4.1 3D打印包装容器的特点

3D打印技术是采用分层加工、叠加成形方式来"造型"，会将包装设计造型按照其扫描出来的横截面分为若干薄层，将塑料或其他材料压缩成薄层并按照CAD文件中的架构输出，每次用原材料生成一个薄层，再通过每层逐步叠加的方式获得实体，这与喷墨打印机每次打印一条直线的工作方法十分类似，最终生成的固体容器成品能够符合设计者预先在电脑中定义的大小和形状，最后只用进行一些打磨细节的处理就可以完成。

目前3D打印包装模型的材质主要有ABS 塑料或者类似石膏粉等材料。ABS 塑料轻巧，能够灵活拆卸、组装各个部件，但是成本较高，且目前还不能打印彩色模型。3D打印包装容器最常用的是以类似石膏粉为耗材，能够打印彩色模型，但成品模型很像石膏，硬而脆，相对克重也比较大。当前，可打印应用于包装容器成型的材料以这两种为主，此外还有以PVC、陶瓷、玻璃、金属等为打印材料的技术都在研发推广当中。

5.4.2　3D打印的优势

传统的包装容器造型往往以石膏为原料进行模拟设计，其缺点是费时费力且发现问题时也不便于修改。3D打印技术能够在造型研发的初期减少多道工序。首先利用三维软件技术在电脑中制作出容器的虚拟模型，通过3D打印设备将三维虚拟的模型进行截面数据扫描，选择合适模型成型的打印材质快速打印实物进行模拟。对于不同的容器造型、零件分别进行单独的进一步修正，与CAD数据模型进行对比，反复修改以后得到最终设计方案和真实感效果图，打印出来的实物模型则可以进行大批量的生产或作为小批量的收藏品。这种使用3D打印技术的生产方式能够快速小批量生成实验模型，减少投资风险，加快产品的生产、测试和反馈周期，使产品更快地推入市场，产生经济效益。

3D打印技术的开发降低了模型造价，节省了研发的费用与时间。随着技术的进步，3D打印将在产品设计、建筑设计、电影动漫等众多领域发挥出其独特的作用。

5.5　包装纸盒结构

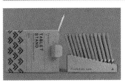

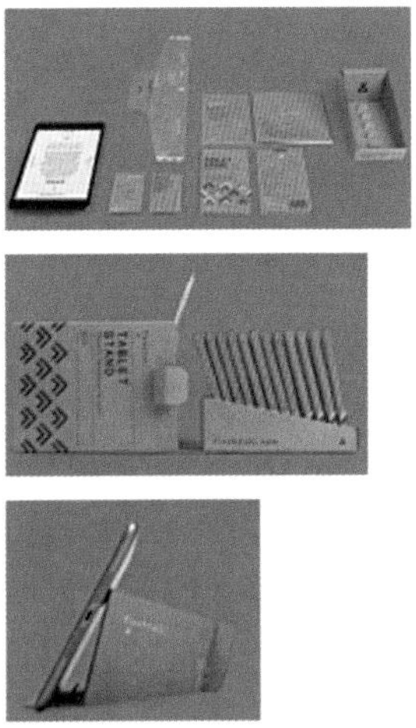

纸盒是目前国内外包装中使用最多、最广泛的一种包装容器形式。其原因是纸材料普遍易取、花色品种繁多、规格齐全、加工方便，另一个原因是纸盒设计便于销毁、容易回收并能保证成品质量稳定、价格合理、便于加工，因而受到社会的广泛欢迎。纸盒包装在原料与成型方法上与其他刚性包装容器有明显差异，在结构上有许多与众不同的特点。

包装纸盒的种类和结构设计是科学性和艺术性相结合的产物。消费对象、消费层次的不同，纸盒形态结构设计的要求也不相同。力求安全、美观、新颖，表现出各类商品的个性特征是纸盒结构设计所要追求的。

5.5.1　盒体结构

盒体结构是决定包装纸盒造型风格的关键。所以，理解盒体结构的变化方式就显得尤为重要。盒体结构主要有直线式纸盒和盘状式纸盒两种。

图5-26　具有展示功能的包装纸盒

图5-27   中间加有轴承的包装纸盒方便开启

图5-28   可以变化多样的连体盒

（1）直线式纸盒

直线式纸盒是最常用的主流型包装纸盒。它的生产方法是将纸皮冲压出折痕，同时切除不需要的部分，然后通过机器或手工一边折叠，一边将侧面相互粘起来。常见的有以下几种。

①桶式   结构非常简单没有盒的顶盖和底盖，单向折叠后成筒状。普遍套装在巧克力、糖果包装的外面。

②插入式   直线式纸盒的代表，由于两端的插入方向不同，而分为直插式和反插式：直插式盒的顶盖和底盖的插入结构（舌头）是在盒面的一个面上；反插式盒的顶盖和底盖的插入结构（舌头）是在盒面、盒底的不同面上。

③黏合式   没有插入式纸盒的插入结构，依靠黏合剂把上盖与底部黏合在一起。这种盒子适合盛放粉状和颗粒状的产品，是一种坚固的包装纸盒。由于它少了插入结构，以及在它的净面积里几乎没有被切掉浪费的部分，因此，它是一种最节约材料的包装纸盒结构。

④锁底式   在插入式纸盒的基础上发展起来的，把插入式底盖改成锁定式的结构。由于它省却了黏合工艺以及能盛放较重的产品，如化妆品、酒、药品等立式的产品。因此，备受大众青睐。与插入式相比，同样尺寸体积的纸盒由于它省却了底盖的插入结构，因此更节约材料。

案例5-2

右图是一款来自澳大利亚的Pana巧克力包装。包装盒形结构创意设计了一套有趣的模块化零售包装。鉴于产品有着各种不同的尺寸、高度和包装方式，这套模块化系统采用了一种灵活的抽屉式纸盒以适应各种甜点组合。爱好甜食的人可以选择混搭，根据选择重新调整盒内的排布。

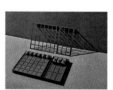

(2) 盘状式纸盒

盘状式纸盒具有盘形的结构，它的最大优点是一般不需要用黏合剂而是用纸盒本身结构上增加切口来进行栓接和锁定的方法，使纸盒成型和封口。盘状式纸盒从结构上区分可分为以下几种形态：

①折叠式纸盒　经折叠和粘贴而成的包装纸盒，盒身面积小，便于运输和库存，经济实惠。折叠式纸盒分为天地盖和摇盖式两种：天地盖纸盒，是分别用两张纸做成的盖子和托盘两部分，这种结构自古就被使用，很适合于所有的商品；摇盖式纸盒，是用一张纸做成的、托盘和盖子连在一起的结构，适合于散装饼干、糖果、土特产等商品的包装。

②装配式纸盒　不用粘贴而成的包装纸盒。按照它的结构可分为双层式纸盒和锁定式纸盒：双层式纸盒，是把四面的壁板做成双层的结构，然后把四面延长的口盖咬合起来使壁板得以固定住，而不必用黏合剂的纸盒。根据这种结构可以把壁板发展成带有厚度的壁板。这种纸盒由于加固了壁板，再配以开窗或透明的顶盖，一般适于盛放较重的食品糕点、礼品等。锁定式纸盒，省却了裱糊的工序，是现在的流行趋势。最简单、最省料的方法就是在盘状纸盒的壁板处加上切口，然后稍微改动一下防尘盖的结构就成了锁定式纸盒。

③裱糊盒　一种盛装名贵产品的包装盒，如金银首饰、珠宝、古玩、单件玻璃器皿、陶瓷和名贵药材等。一般用黄纸板作内衬，根据需要采用各种纸张作内外裱糊之用。也可采用木材片、金属箔、玻璃、布料作裱糊之用。由于裱糊盒制作工艺复杂，因而价格昂贵。

图5-29　装配式纸盒

图5-30　适用于礼品包装的裱糊盒

(3) 其他几种包装常用盒形

①姐妹盒　以两个或两个以上相同造型的纸盒在一张纸上折叠而成的纸盒。其造型有趣、可爱，适合于盛放系列套装商品，如礼品、化妆品等。

②异形纸盒　指由于折叠线的变化而引起盒的结构形态变化，从而产生各种奇特

图5-31　成双成对的套装姐妹盒

图5-32　姐妹盒实物与结构图

图5-33 形同棺木的异形盒让人
望而生畏

图5-34 形同钢琴键的异形盒引人注目

图5-35 异形盒实物与结构图

图5-38 既可以展示又利于携带的手提盒

图5-39 开窗盒可以增加
视觉上的层次感

图5-40 可直接展示
商品的开窗盒

图5-36 手提盒实物与结构图

图5-37 开窗盒实物与结构图

图5-41 各种快餐的方便盒

图5-42 方便商品展示的盒型

图5-43 方便盒实物与结构图

有趣形态的异形包装盒。如因改变了壁板面的折叠线，使口盖位子起了变化从而产生了纸盒的形态变化；改变纸箱纸盒本体部的直线位置，从而产生的纸箱纸盒主体的变化；在纸盒的底部和顶部给予弧线的变化，从而产生的纸盒形态变化；增加盒面的数量，从而产生了多面体的变化等。

③手提盒 方便消费者携带的纸盒，多以礼品盒形式出现或用于体积较大的商品。它必须具有携带的合理性，容易拿、成本低，提携的把手既要能承受起商品的重量，又要不妨碍保管、堆放。一般是纸盒和手提结构一体成型，装配时不用粘贴。手提的插入结构，插入纸盒的某一部位，既坚固了纸盒，又把纸盒内部隔成前后两个空间，可以放入一对产品。

④开窗盒 有局部开窗、盒盖透明和多面透明等多种形式。一般与透明塑胶片结合使用，开窗部位显示出商品，给消费者以真实可信的视觉信息，便于消费者选购。开窗大小要注意不能影响盒子的牢固性，开窗的形态要美观。

⑤方便盒 最大特点是以解决消费者反复取用商品带来的麻烦为目的。如盛装洗衣粉、糖豆等颗粒状商品时，可用带有活动小斗装置的方便盒。

案例5-3

　　下图是一款新加坡的月饼包装。我们通常把月饼同团圆联系在一起，中秋吃月饼是历来的传统。然而月饼包装过于强调传统亚洲艺术。这款月饼定位于年轻市场，希望把传统艺术图案与现代设计元素融合。中包装的盒形结构采用传统的木制掀盖盒，个包装则创造性地设计出花瓣结构，使包装合上时呈现鲜花蓓蕾样式，绽放开来就可以看到月饼了。花型的个包装与品牌logo形同相似，加深了消费者对品牌的记忆度。

案例5-4

　　这是一款瑞典的有着"钻石"形状的护肤品纸板包装，造型轻盈，令人惊奇。钻石外形有着很强的个性，它的结构、制作非常复杂，看上去并不像是用纸板制作的纸包装，包装造型轻盈，整个组合令人称奇。

5.5.2　包装纸盒结构图绘制规范

　　随着包装纸盒设计技术的不断更新，对包装纸盒结构图的绘制有了更高的要求。同时，包装纸盒在原料与成型方法上与其他刚性包装容器有明显差异，所以在结构上有许多与众不同的特点。下面，简单介绍包装纸盒结构设计的表示方法和规定：

（1）绘图设计符号

　　裁切、折叠和开槽符号：

①单实线：轮廓裁切线。

②双实线：开槽线。

③单虚线：内折叠压痕线。

④点划线：外折叠压痕线。

⑤三点点划线：切痕线。

⑥双虚线：双压痕线，即180°折叠线。

⑦点虚线：打孔线。

⑧波纹线：软边切割线。

①、②为裁切线，③、④、⑥为压痕线，⑤为间歇切断压痕线。

纸盒（箱）折叠成型后，纸板底层为盒（箱）内角的两个边，而面层为盒（箱）外角的两个边，则为内折；反之，则为外折。纸板180°折叠后，180°折叠线又称对折线，都用双虚线表示。切痕线，即压痕与切断交替进行。根据工艺要求需标注间歇切断与压痕的长度，用切断长度、压痕长度来表示。打孔线，方便开启的结构来使用。软边切割线，防止裁切边缘划伤手指。主要压痕线，是指在纸盒长、宽、高中，尺寸最长的那组压痕线。

封合符号：

①U形钉钉合，代号S。

②胶带纸黏合，代号T。

③黏合剂黏合，代号G。

提手符号：

①完全开口式，代号P。

②不完全开口式，代号U。

纸板纹向与瓦楞楞向符号：

纸板纹向实际上指纸板的纵向，是纸板在抄制过程中沿造纸机的动力方向，与之垂直的是纸板横向。瓦楞楞向即瓦楞的轴向，也就是与瓦楞纸板机械方向垂直的瓦楞纸板横向。纸板纹向或瓦楞楞向符号用a或b表示。通常，纸板纹向应垂直于纸盒的主要压痕线。

（2）设计尺寸标注

①内尺寸（X_i）：指纸包装的容积尺寸。直角六面体纸包装容器，用$L_i \times B_i \times H_i$表示。

②外尺寸（X_0）：指纸包装的体积尺寸。直角六面体纸包装容器，用$L_0 \times B_0 \times H_0$表示。

③制造尺寸（X）：指生产尺寸，即在结构设计图上标注的尺寸，用$L \times B \times H$表示。

 本章小结

在包装容器与纸盒结构的设计中，要协调好包装容器的外观与容量的平衡关系，要做到容器的口、颈、肩、腹、足的比例与人体功能的和谐统一。包装容器造型方案的形成，有赖于大量的造型探索、模型试验和成品选择，并在此基础上通过分析筛选、细节调整、材质确定、结构试验等环节对设计方案进行确认，从而完成包装容器造型与结构的设计。

 思考练习题

1. 包装容器造型方案设计的关键是什么？

2. 包装纸盒结构的类型有哪几种？

 实训课堂

课题：制作一款包装容器。

1. 方式：模型制作。

2. 内容：选择一款你喜欢的商品包装，通过设计再定位，重新为这款商品设计包装容器。

3. 要求：先进行大量的平面造型及三视图绘制，再进行模型塑造。造型要符合人机工学，方便开启、抓取等使用。准确把握体量与容量的关系。

第6章

包装设计的视觉要素

学习提示

本章通过对包装设计的色彩、文字、图形及编排组合的讲述，旨在让学生掌握包装设计的表现技法，理解包装视觉要素对设计风格、情感表达、审美表现的影响与作用。

学习目标

▶ 掌握色彩、文字、图形在包装设计中的功能及应用规律。

▶ 掌握包装编排设计的形式特点与规律。

▶ 理解色彩、文字、图形及编排组合对包装视觉设计的影响。

核心重点

包装设计中的色彩、文字、图形等视觉要素的设计方法。

本章导读

包装设计表现技法是把色彩、图形、文字、构图等视觉要素进行整体设计的一种设计方法。色彩代表包装的精神面貌，图形反映包装的内容本质，文字陈述包装的商品属性，构图体现包装的形象风格。因此，在包装设计中对色彩、图形、文字、构图应同时进行构思，互为补充，满足包装所具有的美观达意、促进销售的功能。

6.1　色彩元素的表达

色彩是美化包装的重要因素，具有强烈的视觉感召力和表现力。在竞争激烈的商品市场上，要使包装具有明显区别于同类商品包装的视觉特征，更富有诱惑消费者的魅力，刺激和引导消费，以及增强人们对品牌的记忆，这都离不开色彩的设计与运用。包装色彩元素的表达是关于色彩的生理效应、心理效应和美学原理的统一，是自然色彩、社会色彩和艺术色彩的有机结合，是一种美的艺术，具有无形之中表现出视觉化语言的魅力。

6.1.1　包装设计的色彩处理

当消费者进入商场选购商品时，最先进入眼帘的就是色彩，色彩具有先声夺人的力量。消费者的生活经验、心理暗示、审美情趣让包装色彩穿上了情感的外衣，由此自然而然地对包装的色彩元素产生了第一印象的好恶感。例如，红色代表热情、欢乐，可带给人情感上的刺激兴奋；橙色、黄色则是成熟香甜的象征，会让人联想到金灿灿的美味食物，诱发人的品尝冲动；巧克力色、咖啡色等，是某种约定俗成的色彩表达，往往表现的是某种商品的特质，带给消费者更直接的视觉信息。包装色彩的运用是同整个画面设计的构思、构图紧密联系着的。包装色彩元素的表达，要求平面化、匀整化，这是对色彩的过滤、提炼和高度的概括；要求以人们对色彩的生活习惯为依据，进行高度的夸张和变色；要求考虑印刷工艺、包装材料、使用用途、销售地域等方面的制约。

包装设计的色彩处理考虑如下八个方面：
①能否在竞争商品中有清楚的识别性；
②是否很好地象征着商品内容；
③是否与其他设计因素和谐统一，有效地表示商品的品质与份量；
④是否为商品购买阶层所接受；
⑤是否有较高的明视度，并能对文字有很好的衬托作用；
⑥单个包装的色彩效果与多个包装的叠放色彩效果如何；
⑦在不同市场、不同陈列环境下是否都充满活力；
⑧是否不受色彩管理与印刷的限制，效果如一。

图6-1　色彩准确表达不同口味

案例6-1

由于单体面积小，烟草包装为了在货架陈列时取得色彩醒目的效果，通常采用高纯度的大面积单色。这款"南京"烟包装的设计方案，在用色上打破了常规烟草包装的设计规律。但是，繁杂的图案和面积相同的色块，给人以杂乱、不稳定的感觉，很难让男性消费群体接受。同时，也没有体现出烟的品质与商品属性。

图6-2　包装色彩与商品属性色一致

图6-3　色彩的叠放效果

6.1.2　包装设计的无彩色设计

有时，五颜六色的艳丽未必惹人喜爱，反倒可能给人一种华而不实的印象，使人产生眼花缭乱之感。恰当使用简约的色彩语言，采用无彩色中的金、银、黑、白、灰进行设计，结合现代包装设计理论与商品的属性要求，则有助于强化商品特征，有利于提高商品的品质与档次，增强商品的时代感与个性魅力。

黑白色的单纯与对比之美不仅能够强化审美表象，达到明了深化销售主题的目的，而且可有效地把握视觉效应，使得黑白对比聚焦于包装画面的点睛之处，从而展示商品的销售卖点。在无彩色设计中，灰色犹如乐谱中的和音，起着传承节奏，丰富黑白调子的作用。金银色的使用，有助于增强光影效果，并可以丰富空间与层次的变化。因为金银色具有强烈的反光能力和敏锐的特征，在不同的角度和不同的光影作用下，显出异样的色彩效果，恰当使用会增加商品的辉煌、高级和神秘感。

无彩色其实在人们的心理早已形成自己完整的色彩性质，并一直为人们所接受，被称之为永远的流行色。单独审视黑、白、灰时，黑色象征静寂、沉默，意味着邪恶与不祥，也具有现代、稳重、成熟的含义，可用于高科技性质的产品，如音箱等商品；白色的固有情感，一般被认为是清静、纯粹和纯洁的象征，是各类清洁剂的最佳包装色彩；灰色所属中性，缺少独立的色彩特征，因此，灰色单调而平淡，不像黑白强调明暗，但是，灰色在含有色彩倾向时，会给人一种含蓄、柔和、高级、精致之感，耐人寻味。 在以无彩色为主体的包装设计中，如果点缀一些纯度较高的色彩，既可以形成对比，又可以烘托主体色彩。无彩色与有彩色的相互作用，对丰富商品包装的色彩效果是十分重要的手段。

图6-4 无彩色对比使
logo醒目突出易于记忆

图6-5 无彩色为主的色调，具有现代科技感

图6-6 大面积灰色调有沉稳高级之感

图6-7 黑色与金色搭配有高贵奢华之感

案例6-2

右图是一款英国松子酒的包装，它来自于英国著名的文化古城爱丁堡。整个包装采用了无彩色系设计。包装上的黑、白、灰色调，有效提高了商品的品质与档次，增强了商品的时代感与个性魅力。为了弥补黑白灰色的单调感，包装表面通过凹凸压印的特种工艺，形成了丰富的纹理效果，通过光影变化可以体现出商品的华丽、高贵、神秘的印象。精美立体的文字代表着优雅和新古典主义。整个包装设计非常注重细节，使商品精致而低调奢华。

6.1.3 包装设计色彩的商品性

包装设计色彩的商品性是与一般绘画用色最大不同的一点。商品外在的包装色彩需要揭示或者映照内在的包装物品，使消费者一看外包装就能够基本上感知或者联想到内在的商品为何物。某些商品在人们长期的选择和消费中，已经形成了固有的色彩表达，这是一种商品文化的特征。利用商品的固有色作为包装的设计色彩，可加深商品的物质标识，无形之中为商品进行宣传。例如，在中国，月饼盒的包装一般采用大红、金黄类的富贵喜庆颜色，这样不仅强化了商品特征，也增添了商品的个性魅力与人文内涵。

各类商品都具有一定的共同属性。医药用品和娱乐用品、食品和五金用品、化妆用品和文教用品等都有较大的属性区别。而同一类产品也还可以细分，如医药用品有中药、西药、治疗药、滋补药的不同。对此，色彩处理要具体商品具体对待，发挥色彩的感觉要素（物理、生理、心理），力求典型个性的表现。例如，用蓝色、绿色表示消炎、退热、止痛、镇静类药物；用红色、咖啡色表示滋补、强心及保健药物。

色彩具有超强的象征意义：如红色，常用于节日礼品、喜庆类的包装；橙色，给人以甜美感，常被用于食品包装色；粉红色，属于柔和及中性的颜色，适用于女性化妆品及个人卫生用品等商品上；棕色，代表丰润及醇厚，作为咖啡和巧克力包装色彩；绿色，由于它象征着安全、镇静，可用于医药类的包装；蓝色，可用于科技产品的包装。

图6-8 蓝色调象征水产品的商品属性

图6-9 包装色与商品固有色相互呼应，突出商品属性

图6-10 红色有甜的味觉感，可引起强烈的食欲

图6-11 黄色使蜜蜂更加逼真，表达出蜂蜜的属性

图6-12 丰富的色彩表达出不同的口味

6.1.4 包装设计色彩的人文性

色彩的多变性与丰富性给不同年龄层、不同背景下的消费者带来不同的视觉感受，产生不同的心理变化。不同的职业特性、文化背景、地域习性及性格差异等形成消费层次的多样性，包装中的色彩元素表达就需要据此做出调整，以符合不同人文背景下消费者对色彩审美的差异化标准。

在性别方面，女性一般会对高明度、高纯度的色系产生购买欲望。女性使用的商品及包装一般会体现出淡雅、温馨的感觉，如女性品牌的化妆品、内衣、洗护系列等一般用白色、粉色或其他暖色系列的柔和色系，很少用深色和冷色。而男性一般会青睐庄重深沉的黑色及深、冷色系，典雅简约、高贵雅致的包装色调在中年男子中极受欢迎，而老年男子较偏爱洁净统一的色调。

在年龄层方面，青年追求张扬个性，猎奇心重，新颖独特、刺激新潮的商品包装能激起他们的购买欲。他们对新鲜事物有较强的接受能力，对包装设计色彩的敏感度也较高，是商品销售中引领潮流的主力军。儿童的心思单纯，对鲜亮、明快的糖果色会心生好感，儿童系列的商品常要求体现童真童趣，夸张有趣的卡通形象及明亮欢快的饱满色系是首选。

图6-13　面向年轻消费群体的强对比色系

图6-14　中国民间传统色系

案例6-3

Tree Waters是芬兰、加拿大等国家的传统春季饮品。图中这款设计是为打入英国市场而在包装上做的新尝试，面向的是追求个性、猎奇心强的青年消费者。整个容器造型采用圆柱形，表面用树纹点缀，给消费者以白桦树干的错觉。吸管也如同从树干中生长出的枝干，从而表达了饮料罐是由75%的木质材料做成且非常环保的卖点。整个包装创意利用原生态树木，彰显了来自于北欧的地域特色与民族风情。为了迅速吸引消费者的注意力，在色彩设计中大胆运用高纯度、高明度的鲜亮色系，成功达到与单纯白色背景形成强烈对比的视觉效果。不同色相的包装组合排列在一起，从远处看，鲜亮的色块会产生视觉上的跳跃感，给消费者留下了深刻的影响。

6.1.5　包装设计色彩的广告性

　　成功的包装设计，其色彩应用无不具有鲜明、简洁、便于识别的个性。如一谈到"可口可乐"，马上就会想到欢快而热烈的红色；说到"百事可乐"，马上就浮现出沉着而雅致的蓝色，它们极其鲜明的色彩增强了包装的视觉感染效果，塑造了自己的品牌个性。在商品品种的日益丰富和市场竞争日益激烈的商业环境下，包装设计色彩的广告化日趋重要。色彩效果的晦涩和含蓄只有消极作用，因此，必须注意和强调色彩构成关系的广告作用。强调色彩的广告作用，不只是透明包装或用彩色照片充分表现商品本身的固有色，而是更多地使用体现大类商品的形象色调，使消费者产生类似信号反射一样的认知反应，快速地凭色彩确知包装物的内容。例如，中华烟盒全身采用红色，纯白色包边，金色主体图案，色彩搭配醒目、突出，使人联想到帝王富贵之气。

图6-15　绿色是喜力啤酒包装的广告色

图6-16　红色是百威啤酒包装的广告色

案例6-4

　　洋河蓝色经典是江苏洋河酒厂于2003年8月推出的高端品牌。洋河蓝色经典一反常态，打破中国白酒以红色、黄色为主色调的老传统，将蓝色固化为产品标志色，实现了产品差异化，突显了产品个性。蓝色是开放的象征，是时尚的标志，是现代的感觉，是品位的表现；天之高为蓝，海之深为蓝，梦之遥为蓝，这是对洋河蓝色文化的一种演绎，体现了人们对宽广、博大胸怀的追求。洋河蓝色经典给蓝色注入了文化与意味，有力地提升了洋河品牌形象。

6.1.6　包装设计色彩的独特性

在包装世界里，节日礼品多以红色系列包装为主，食品类商品的包装多以暖色调为主，电子商品、洗涤用品的包装则倾向于冷色调。一直以来，色彩的这种惯性联想思维模式左右着包装设计的色彩运用，使同一类型的商品包装色彩程式化，长期固定在某一种雷同的视觉效果里，商品的包装色彩必然会在相互模仿的同一性中丧失掉宝贵的独特性。所以，有时为了"货架冲击力"可运用"不合常理"的特异色彩来表现，打破"行业特征色"。反其道而行之，使用反常规色彩，让其产品的包装从同类商品中脱颖而出，这种色彩的处理可以使消费者视觉格外敏感，印象更深刻。

包装色彩设计既要遵循包装设计的一般规律，又要根据商品内容大胆地进行艺术创新，才能设计出高水平的艺术风格包装。如"农夫山泉"矿泉水的包装设计就大胆地使用了暖色系列的红色，设计师从反常规的思路出发，让人联想到红彤彤的炎热夏日，进而联想到清凉可口的矿泉水。

图6-17　高纯度的色相突破了纸巾的常规色调，令人耳目一新

图6-18　绚丽多彩的绝对伏特加

图6-19　突破了常见饮用水包装色彩

案例6-5

右图是一款来自澳大利亚的鸡尾酒包装，这瓶酒的包装令人想起汽水，包装上不同颜色之间的边缘就像被浪花冲刷的海滩。红色和蓝色是极具张力的对比色，中间采用纯度很低的暖灰色来协调红蓝色的强对比，使画面产生强烈的节奏感。外包装瓦楞纸的自然色与瓶塞的原木色相互呼应，带给消费者清新自然的感觉。文字采用了银色，与简洁的瓶形和透明的酒液，一同呈现出一种"简约不简单"的气质。带有金属光泽的几个字，就像海滩上的珍珠，在活泼中带来清新感。然而这款略显清新的色彩包装却是盛装着重口味的鸡尾酒，凸显其非同凡响的独特个性。

案例6-6

　　包装的色彩独特性具有"暂时性"，当其他商品进行摹仿时，就会造成消费者无法较快识别最初原有的品牌，这时，包装不再具有独特性，就需要进行更新再设计，以保持其市场的独特个性。在激烈竞争的市场中，不进则退。如"统一鲜橙多"刚上市时，由于其在当时饮料市场中独特的橙黄色，形成了鲜明而独特的形象，甚至使"鲜橙多"成为果汁饮料的代名词。但是，当模仿"鲜橙多"黄色包装的果汁饮料越来越多时，"统一鲜橙多"的特色个性不再，却没有及时大刀阔斧地革新包装，导致其市场被大量蚕食，逐渐丧失其王者的风范和地位。而就在此时，可口可乐的果粒橙和农夫山泉的农夫果园却以全新的独特包装形式面市，不断拓展它们的市场份额，在果汁饮料市场取得了相当不错的销售业绩。

6.1.7　包装设计色彩的民族性

　　色彩视觉产生的心理变化是非常复杂的，它依时代、地域而差异，或依个人判别而悬殊。各个国家、民族，由于社会背景、经济状况、生活条件、传统习惯、风俗人情和自然环境影响而形成了不同的色彩习俗。在包装设计中，色彩的运用一定要考虑不同国家、不同民族和地区对色彩的爱好和忌讳。色彩在不同地区具有不同的象征性，能表现出不同的情调。例如，我国对红色自古以来情有独钟，大到国庆、春节，小至个人婚嫁、生日等，都以红色象征喜庆、吉祥，因此，节日礼品包装上色彩多用红色。中国人把黄色看作是高贵的颜色，而沙特阿拉伯人忌用黄色，他们崇尚白色、绿色。挪威、荷兰、叙利亚等国家都喜欢蓝色，但在埃及，蓝色却往往被用作形容恶魔的色彩。鉴于不同地区、民族对色彩审美的差异性，在设计外贸商品的包装时，要投其所好，才能促进商品的对外销售。

图6-20　红色是中国礼品包装的常用色

图6-21　具有西方宗教色彩特征的苏格兰威士忌酒包装

图6-22　具有中国民族性的系列色彩

6.2　图形元素的表达

当今，人们生活在读图时代，图形所创造的视觉信息可以传递新的生活理念、新的生活追求。读图方式可以准确地寻找到商品消费的诉求点，迅速传达商品信息和文化内涵，它改变着人们的生活方式和审美观念。图形在包装设计中的地位是不可估量的，它是设计中最重要的视觉造型要素，商品包装图形的设计应该符合商品认知的特征，满足消费者的心理和视觉的需求，给他们带来极大的消费乐趣和便捷。

图形具有视觉效果强烈、含义丰富、容易记忆、特征突出等特点。图形在包装上是信息的承载者，主要有准确告知包装内容物、增强艺术感染力、强化商品印象的功能。图形可通过具象图形或抽象图形的创意设计，传达商品的功能、成分、品质和品牌等各种信息，并保证商品信息的准确性和强烈的视觉冲击力。在包装设计中，图形元素的主要种类有中国画、插画、版画、漫画和卡通画等绘画表现，还有装饰、摄影、喷绘、转印、剪纸、拼贴等表现方法。

包装图形的设计必须要紧紧围绕商品特点来展开，然而如何才能使包装图形充分表征商品特点呢？又怎样才能使承载着商品特质的包装图形深深打动消费者呢？关键依然在于商品内容与消费者之间的关系。包装图形设计应在二者间的关系中展开，或者说包装图形是建立二者紧密联系的桥梁。消费者关心的是商品究竟能够满足他们什么样的需求，包装图形就是要为消费者展示商品带来独特功效，或者为消费者描绘这种美妙的消费体验。

案例6-7

右图是一款选用乌尔干山脉的优质牛肉作为原料，采用德国和奥地利的最新技术制造的香肠。其包装秉承着天然无添加的生产理念及品牌形象，先以摄影的方式，生动形象地给消费者呈现出一块鲜嫩多汁的牛排特写图形。令人惊叹的是，仔细一看就会发现其中的奥妙之处。牛排的形状其实是由农场、村庄、乌尔干山脉以及放养的牛这些元素构成。图形创意充满了无限智慧，也给消费者留下了无限联想。包装的成功之处在于通过包装图案的独特细节，展示肉制品的生产方法和优质原材料，既表达了商品属性又与品牌理念遥相呼应。

6.2.1　包装设计的图形分类

包装设计中使用的图形通常有摄影图形、具象图形、抽象图形、动漫图形、插画图形、装饰图形、图形符号等。

（1）摄影图形的运用

商品包装不仅应该在货架上明显地胜过竞争对手，同时应该迅速地反映商品的内容属性。在食品、玻璃器皿、陶瓷制品、精美工艺品、玩具等商品的包装图形中，人们越来越多地重视"逼真的"形象，顾客急切地希望通过包装，一目了然其中的实际产品形象。

摄影图形通常具有色彩绚丽、形象逼真的特点，能够在商品包装上产生良好的视觉效果，从而实现商品宣传目的，是一种在现代包装设计中广泛应用的手法之一。将摄影图形应用于包装设计中，不但可以使得消费者对商品信息一目了然，而且能够对商品的具体形态、色泽、质感等形成更加深刻的认识，增强商品在货架上的吸引力，激发消费者的购买欲望。

目前，运用商业摄影手法的包装设计日趋增多。它顺应了市场上自助式销售方式的出现和发展，顺应了顾客要求"真实地"了解产品的心理，顺应了社会化大工业生产的要求。高科技摄影技术使包装设计的画面能够直观、快速、准确地反映内在物，并就其形象、质感、色彩达到完美的地步，甚至超出商品本身的表现力。日益发展的现代电子制版印刷工艺，也为包装摄影图形提供了比逼真表达事物更高的物质手段，加上设计的巧妙构思，使商品包装更富有魅力。

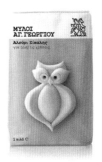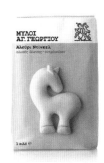

图6-23　摄影图形增添了商品的食欲　　　　　　　　　　　　　图6-24　三维立体效果的摄影图形

图6-25　以假乱真的摄影图形

（2）具象图形的运用

具象图形指用写实手法客观地表现商品的真实形象，也就是把自然界各类形象运用写实性、描绘性、情感性的手法来表现，内容一目了然，直观传达商品信息，体现出商品的结构、造型、色彩、材料和品质的真实性。具象图形包括：写实绘画图形、概括图形、夸张图形等。摄影不能代替绘画手段，所谓写实绘画也不是纯客观地写实，否则就不必绘画。绘画图形应根据商品表现要求对所要表现的对象加以有所取舍的主观选择，使形象比实物更加单纯、完美。概括图形指在写实基础上的概括处理，归纳特征、简化层次，使对象得到更为简洁、清晰的表现。在表现方法上，点、线、面的变化可以形成多种表现效果。夸张图形是在归纳简化基础上的变化处理，不但有所概括，还强调变形，使表现对象达到生动、幽默的艺术效果。

图6-26 写实绘画表现手法

图6-27 动漫绘画表现手法

图6-28 概括图形表现手法

图6-29 扁平化图形表现手法

案例6-8

图中所示是一款来自乌克兰的素食烧烤酱汁包装。说到烧烤，一般都会想到肉，但是也有一些不吃肉的人，这又该如何解决？Porkatarian将猪的形象拟人化，可爱化的"猪先生"穿着时尚，佩戴各种款式的帽子，用来暗喻不同口味的酱汁。作为烧烤酱汁的标签，消费者一看到"猪先生"的图形，就会在一定程度上打消吃肉的念头。背面的条形编码也加入了各种蔬菜的图形，从而准确传达"素食"烧烤酱汁的商品属性。同时也向消费者提出用烤蔬菜来代替烤肉，是一种值得倡导的健康饮食方式。

（3）抽象图形的运用

采用抽象的设计手法来表现香烟、药品、香皂、牙膏、洗衣粉、矿泉水等这些特定商品的内容，已是包装现代设计的显著特点。运用抽象图形表现上述商品，可使该类商品的包装富于现代美、形式感强烈并容易为人们所接受。即使有些能用具象图形表现的商品，为追求包装的视觉效果的差异和现代美感，也往往可采用抽象设计。抽象图形在包装上也有无一定意义的纯装饰性作用。除给人们以现代美感之外，抽象图形还创造一种效果含蓄而富有意境，能令人产生与商品相关的联想，成功地表达商品的内在意义。

包装图形在表现现代商品的"科学性""精密性""时代感"的属性时，很难用具体的形象来表达它的内涵，而抽象的几何形态具有表现现代商品的能力，更容易表现抽象的科学概念和商品内在的实质。如表现"电""磁""波"这样的电气化商品包装，人们更喜爱用曲线、折线、纵横线、放射线来构成其抽象的神态和内涵。现代工业产品，由于机械化的生产，本身就具有单纯的、条理的、秩序的几何因素，如洗衣机快速旋转的规律、电风扇发射形结构，都为包装设计构思提供了很好的抽象图形素材。

随着科学技术的日益发展，计算机已普遍运用于各个领域。这些现代技术手段所产生或呈现的种种特异的规则和不规则的几何纹样画面的特殊效果，具有非同寻常的几何形态感、不规则色块感、特殊立体感、深远感等。采用这种抽象图形，可形象地表现频率、振幅、能量的聚散，物质的化合与分解等不可视之事物，创造出特殊的视觉效果，达到形象表达商品内涵的目的。

图6-30　抽象图形表现手法

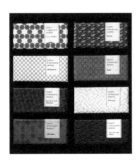

图6-31　重构是抽象图形
常用的手法

图6-32　表达能量的
抽象图形

图6-33　点、线、面的组合是抽象图形常用的表现手法

案例6-9

右图是一款来自俄罗斯的功能饮料包装。饮料本身没有具象形态可言，但包装通常会根据口味、成分、原料等有具象形态的元素来表达。如碳酸饮料用气泡形态、果味饮料用水果形态。这款Octa饮料包含人体每日所需营养素、维他命和矿物质，可以作为替代饮食。天然蛋白质与原生牛奶是Octa的核心组成。所以，通体白色很好地展现出原生牛奶和天然蛋白质的特性，但各种营养素如何表现呢？抽象的、长短不一的横线条既清晰指明了饮料所含各种营养的成分和比例，又产生出极具现代感的节奏韵律美。横线颜色根据不同的口味而变化。

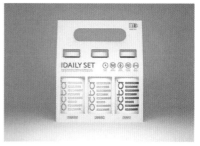

案例6-10

右图是一款来自日本的筷子包装。筷子是东方文化特色之一，但为了体现商品的现代性，包装大胆地采用了抽象圆形图案重复规律的排列，画面通过强烈的大小对比产生丰富多样的美学形态，使包装具有现代和传统结合的浓郁气息。

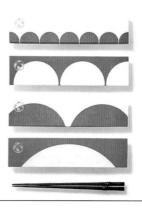

（4）动漫图形的运用

在数码商业摄影日益普及的今天，现代包装设计似乎缺少不了逼真的彩色照片。但浏览世界各国的包装现状，包括一些名牌包装，都还在充分利用动漫图形手法的广阔想象力、表现力来追求一些商品包装的特定主题和个性特色。

动漫图形是通过绘制创作，使一些有或无生命的东西拟人化、夸张化，赋予其人类的一切感情、动作，或将架空的场景加以绘制，是一种艺术表达的形式，就像文字用小说表达，而图片用绘画表达。动漫图形不受机械条件的限制，不受时间、空间的约束，具有多样的变通性，既可高度写实也可高度简化，更可巧妙夸张。在包装设计中，可依据商品内容的需要和设计构思的需要，充分发挥动漫图形的创造力和表现力，获得千差万别的视觉效果。

例如，一些外星人玩具包装、太空人游戏机包装中想象的人物、古英雄、大力士等形象都不能通过摄影和其他形式来表现，而动漫形式却是一种非常好的表达方法。再有，清洁日用品、儿童用品等商品，直接用摄影图片表现，会显得单薄、缺乏吸引力，使用富有情趣的动漫方式来表现，可以使顾客产生丰富的联想和好感。

图6-34　拟人化的动漫图形　　　　　　　图6-35　拟人化的动漫图形

图6-36　巧妙地利用盒形结构创作出令人印象深刻的动漫形象

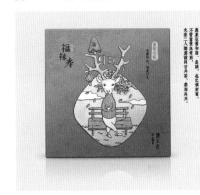

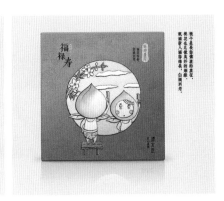

图6-37　动漫化的福禄寿传统吉祥图样被赋予了强烈的时代感

案例6-11

　　日本漫画家藤本创作的科幻喜剧漫画哆啦A梦——猫型机器人是家喻户晓的动漫形象。右图是亚马逊公司在日本使用的包装箱，表面印刷了一个表情可爱的特写哆啦A梦。由于这个形象已经深入人心，能瞬间抓住消费者的眼球，怎能不打动哆啦A梦粉丝并激发他们的购买欲呢？所以，采用知名图形利用手法，在展示商品形象与信息方面的作用是不可低估的。

图6-38　日风十足的插画图形

（5）插画图形的运用

插画，早期也称为插图，通常是出现在书籍当中，作为文字的补充说明。后来随着社会的发展，它在商业活动中的应用进一步扩大，进而出现在包装设计上。插画是一种非常具有表现意味的视觉艺术，它的许多表现技法都是借鉴了绘画艺术的表现技法。插画与绘画艺术的联姻使得插画无论是在表现技法多样性的探求，还是在设计主题表现的深度和广度方面，都展示出其独特的艺术魅力。所以，从个性绘画和大众理解角度来表达插画情感的包装设计更容易被消费者记住。从商业角度出发，插画通俗易懂的画面格调、唯美亲和的形象更符合大众的审美认知，能够引导消费者的视觉认知，帮助企业树立起品牌形象，宣传产品理念，从而达到促进销售的目的。

插画应用在包装设计中，可借助人类联想的特质，将商品的信息借助与其有关事物形象表现出来，这种间接而温情化的手法，也会让消费者产生深刻的印象。例如，有地域特色的商品包装，可采用插画手法突出其历史、文化、工艺等特征。包装设计中的插画，不管在图形的设计上，还是在配色上，都要力求恰到好处地表达主题，避免消费者在选择的过程中产生视觉信息解读的误差。同时，包装设计中所容纳的信息量是有限的，消费者在一定时间内接受视觉信息的容量也是有限的，这要求应用插画视觉形式时，不但要注重信息感的准确表达，还要注意信息的主次与追求创意构思的巧妙与独特。

图6-39　植物插画表达出具有美容功能的商品

图6-40　形象独特充满异域风情的黑白插画

案例6-12

　　品牌名为"夏牛乔"的苹果包装，包装上的三个人物分别是夏娃、牛顿、乔布斯，广告语是："三个苹果改变世界！"此"苹果"已经非彼"苹果"了。借助黑白木刻版画插图效果将包装的感染力、画面的趣味性以及产品形象与品牌理念有机组合在一起。插画图形大幅度提升了苹果的附加值，通过三个众所周知的人物形象，植入了探索、创新、冒险精神的文化符号并形成卖点，不仅趣味性极强，而且以新颖、独特的画面给消费带来过目不忘的视觉感受，直达消费者内心，在无形中提升了商品的价值，获得广泛的市场。

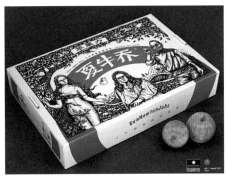

案例6-13

　　"恒大球球"饮料的定位是个性化、时尚化、差异化。面对的消费群体是激情奔放狂野的青年一族、运动一族，爱运动、萌萌哒的美少女一族。他们都比较追求个性和自我的展现，比较在意个人的感受。为了能给目标消费群体提供内心的共鸣感，包装以猴、虎、狼、兔的卡通插画形象塑造出不同风格的消费人群，时尚前卫的元素充满瓶身。

（6）装饰画的运用

装饰画主要是指以装饰为体裁或向装饰倾向过渡的艺术类型，如装饰绘画、装饰色彩、装饰图案、装饰纹样等。装饰画的起源可以追溯到人类原始时期在石器、陶器表面上雕刻的装饰性纹样，如动物纹、人纹、几何纹，都是经过夸张变形、高度提炼的图形。装饰画一般分为具象题材、意象题材、花卉题材、人物肖像题材、抽象题材和综合题材等。洞窟壁画、墓室壁画、宫殿壁画艺术对当今装饰画的影响也非常大。

中国是一个具有五千年文明历史的大国，在其历史的发展过程中，创造了形式多样、内容丰富的优秀装饰图案和极具经典的装饰纹样。从淳朴的民间图案到华丽的皇宫装饰；从古典园林建筑到石窟壁画艺术；从石器时代的彩陶纹样到现代的景德镇瓷器；从漆器装饰到织锦图案，都可以成为包装设计所借鉴的良好范本。如祥禽瑞兽纹、植物纹、人物纹、器物法宝纹、文字纹、几何纹等都以造型或装饰图案形式，被广泛地运用到各类包装中。

图6-41　采用"心"形作为装饰画

图6-42　异域风格纹样作为装饰画

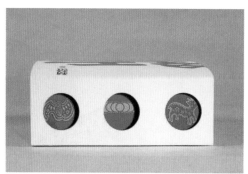

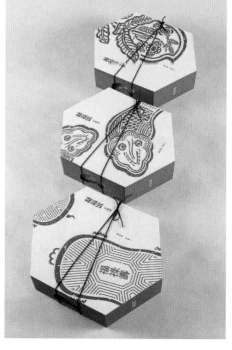

图6-43　福禄寿传统吉祥纹样作为装饰画

案例6-14

依云天然矿泉水是法国乃至世界的高端品牌，其品牌精神是倡导年轻。年轻不是指年龄，而是一种心态与个性表达。活出年轻的内涵包括了机体感官和精神层面的追求，品质健康、天然纯净的依云天然矿泉水将源于阿尔卑斯山的大自然礼物分享给每一位追求高品质生活的人。依云水的产地依云小镇在法国被评为"最多鲜花的城市"，当地的居民也很擅长用美丽的花卉打扮家园。所以，依云包装常常会出现大量密集的经典植物装饰纹样，既提高了包装的艺术性又体现了商品产地的地域特色。

案例6-15

亿品堂金丝皇菊定位于皇家御用珍品以表达其独特性和唯一性。包装从宫廷服饰中找到灵感，以朝廷大员的补服为基础设计元素，用装饰画的表现手法将产地山水的自然景观、山水人情等融合到补服图案之中，再结合中国传统国画的形态特征和扁平化的处理技巧，创作出独一无二的品牌形象图形。

（7）图形符号的运用

图形符号是指以图形为主要特征，用以传递某种信息的视觉符号。图形符号具有直观、简明、易懂、易记的特征，便于信息的传递，使不同年龄，具有不同文化水平和使用不同语言的人都容易接受和使用。图形符号可以指导人们的行动，提醒人们注意或给予警告等。商品包装上的图形符号主要功能是将商品的"如何操作"过程展示出来，具有一定的实用性。与追求美感的视觉形象不同，其更多的是为消费者的使用提供介绍。主要用于展示如何打开包装和关闭包装、如何使用和准备该商品、商品使用警告和危险指示等。

图形符号的语义表现必须要同包装的信息内容相关，把包装信息的内容凝缩并图形化，需要首先理解和消化需要图形符号化的文字信息，在文字内容和图形符号之间找到一种逻辑性的联系。包装文字信息内容的图形符号化过程是一个逻辑推理的过程，图形形象要有典型符号性，要抓住文字主题内容中可以转化为图形形象的部分进行具体的细节表现。如图6-44中的儿童水果糖包装，把不同表情的笑脸用统一的形态概括成极简的图形符号。把各种口味的水果比拟成卡通人物，单纯的色块与偏平的造型，凝缩成具有鲜明主题性的图形符号。

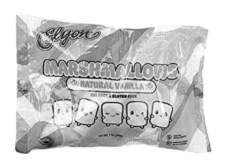

图6-44   概括提炼成笑脸的emoji

图6-45   葡萄酒包装创意成油漆桶，用图形符号告知除了让你喝醉，还会使你的牙齿发紫

案例6-16

在面积小的单体包装上，条形编码占据了比例较大的空间。条码如同商品的身份证，包含着商品及生产商的很多销售信息，如果在不影响条码的功能前提下，加入图形创意，让它兼具图形符号的作用，则是非常好的一种"一语双关"的表达方式。右图是一些将小小的条码外形加以变形并与商品属性完美融合的案例。这时的条码已具备图形符号的作用，不仅提升了企业品牌形象，还增加了趣味性与亲和感。

6.2.2　包装图形设计的原则

包装图形的设计必须要紧紧围绕商品特点来展开。然而如何才能使包装图形充分表征商品特点呢？又怎样才能使承载着商品特质的包装图形深深打动消费者呢？关键依然在于商品内容与消费者之间的关系，包装图形设计应在二者间的关系中展开。其实，消费者最终关心的是商品究竟能够满足他们什么样的需求。所以，包装图形设计要遵循信息准确、特点鲜明、针对性强的基本原则。

（1）图形信息要准确

图形作为设计的语言，要注意把话说清楚。在图形处理中必须保留主要特征，注意关键部位的细节，否则会失之毫厘、差之千里。如苹果、西红柿、桔子等体量差不多，但实际上却有很大不同，这就要在处理中把握好它们各自不同特征。又如，在使用抽象图形的包装设计中，虽然新颖的形态会让人眼前一亮，但常常让消费者感到"不知所云"。这样的包装图形设计往往以形式美法则作为唯一的设计准则，忽视了图形与商品的紧密联系，不具备和特定商品的唯一匹配性，也就是说，同一个图形可以放到很多不同的商品包装上。

图6-46　梅花图形表达春天的来临

图6-47　鹿图形直观解答了"我是谁"的问题

图6-48　直接表达出藏族特色的食品包装

图6-49　鱼图形直接传达出海鲜产品属性

案例6-17

　　下图是一款美国伏特加酒包装。它与同类酒不同在于它有一系列与众不同的水果口味。所以，包装设计把每一种口味对应其水果图案，如西北红树莓，俄勒冈州带刺的本土浆果紫蓝莓，华盛顿州苹果等。这样的设计便于消费者更加准确地辨别口味和确定购买。

案例6-18

　　下图是一款美国的果汁包装。包装想表达一种"阳光的味道"，因为阳光是各种水果的能量源泉。什么图形既能准确表达果汁的口味，又能自然呈现阳光的概念？最后，包装采用了水彩画的表达形式，用水色分层的视觉效果来表达跳跃的光感。每种口味的饮料都找到了一个巧妙的、相对应的抽象圆形表达，并加以各种水果的固有色系，让消费者获得美味、健康和清爽的感觉。

ORANGE CARROT MANGO

APPLE

SPICY LEMONADE

ACAI AMAZON

（2）视觉感受要独特

好奇是人的天性，在这个人人追求个性、追求差异化的时代，有特色的商品包装才能获得更多消费者的青睐。随着生产力的提高，物质供应的极大丰富，消费者更加倾向追求新颖的、与众不同的消费刺激。具备独特性的包装图形设计应具有"非常态"的特点，只有打破常规的包装图形，才有利于摆脱包装图形设计的"词穷"窘境，避免与其他商品包装图形的相似性。包装图形通过视觉语言来表述商品的特征、品质、品牌、形象等信息。在设计中要抓住消费者的好奇心，引起顾客强烈的注意，对商品产生兴趣。独特的包装图形可使商品以崭新的形象在同类商品中脱颖而出，以新颖的视觉特征充分吸引消费者的关注。

现代包装设计实际上是广告设计策略的终端部分，不仅要注意内容物的特定信息传达，还必须具有鲜明而独特的视觉形象。所谓独特，并不在于简单或复杂。简单的图形可能是独特的，也可能是平淡的，复杂的图形可能是新颖的，也可能是陈旧的。要做到简洁而有变化，复杂而不烦琐；做到简而生动、丰富，繁而单纯、完美，才能使图形新颖独特，富有个性。

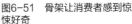

图6-50　独特的眼球插图和问候，立即抓住消费者的注意力　　图6-51　骨架让消费者感到惊悚好奇　　图6-52　极具视觉冲击力的图形很容易让消费者注目

案例6-19

图中所示是一款来自美国的"蓝鹅"牌纯肉类食品包装。为了表达食品公司喂养的动物是无催化剂、添加剂的天然饲料这个主题，在动物身体表面上精心描绘出山川、森林、农田、河水的世外田园景象，营造出一种宁静和谐的氛围。创意上采用了异质同构的图形手法，巧妙地把鸡的羽毛、牛的肌肉、鱼的鳞片置换成农田、树木、水浪，形成独特的视觉效果。画面采用蓝色，与"蓝鹅"的主题相一致。整个包装特点鲜明、商品属性一目了然，形象生动、完整细腻的动物插画，给人们留下难以磨灭的印象。

（3）要有明确的针对性

　　在不同国家与地区的包装设计中，由于民族习俗的差异，不同的消费者会产生不同的感受，有不同的图形特点。图形语言也有着一定的禁忌和局限性，作为一个设计者必须了解和掌握不同国家地区的特殊习俗与禁忌，遵守国家、地区的有关规定，才能使包装图形设计有明确的针对性。如我国民间习惯于把猫头鹰看作不详之物，而在欧洲一些国家却把它视为智慧的象征；六角星是以色列国旗上的图案，在设计针对阿拉伯国家的商品不能使用；欧洲一些国家中，老年人（如法国、比利时）不喜欢墨绿色，因为这是当年德国纳粹法西斯军服色，正如我国老年人厌烦日本的太阳旗图形一样，这些特定的形与色引起了人们对以往战祸的痛苦回忆。所以，包装图形设计一定要考虑到不同国家的民族情感和忌讳。

图6-53　用冰凌切割的北极动物，表达这是来自冰岛的巧克力包装

图6-54　星条旗图形，表达这是来自美国的商品

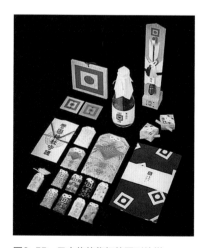

图6-55　日本传统祭祀的图形纹样

案例6-20

　　图中所示是由伦敦设计工作室Colt受阿迪达斯委托为即将发布的Adidas Athletics设计的高档包装。强烈的黑白对比，使阿迪达斯logo图形醒目突出，准确告知了消费者"我是谁"。排列规则的"金字塔形"图形，独特而附有勇攀高峰的含义，给人留下深刻的印象。作为国际性的大品牌，阿迪达斯需全面考虑世界各国的禁忌图形。因此，黑白色与抽象简约的几何图形非常有利于国际化的推广。

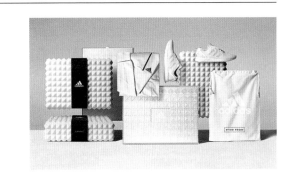

案例6-21

　　图中所示是一款英国的爆米花品牌包装，专门在电影院出售。新包装设计删掉了旧包装上所有的装饰图形，选取最具品牌特征的"米字"图形并放大充满画面，既传达了英国的产地特征，又吸引了消费者。新包装通过明亮的、原始的、挑衅的朋克美学明显区别于竞争对手，为消费者提供一种独特的爆米花。

Before　　　　　　　　　　After

6.3 包装设计中的文字

文字是用以记录和交流思想的特殊符号。包装设计有时可以没有图形，但是不可以没有文字，文字是传达包装信息必不可少的要素，许多好的包装设计都十分注意文字设计，甚至完全以文字变化来处理画面。一件完整的包装设计中，字体设计是必不可少的重要组成部分。对字体的塑造和组织，除了能准确地传达商品信息外，其设计变化形式一定要直接、明了地反映包装的内容本质，符合商品内容、销售群体、包装容器的造型或结构以及符合不同文字属性的设计原则，使形式与内容整体划一，使字体设计真正起到美化包装的作用，给人以美的视觉感受。

6.3.1 包装文字的分类

①基本文字 包括包装牌号、品名和出产企业名称。一般安排在主要展示面上，生产企业名称也可以编排在侧面或背面。牌名字体一般作规范化处理，有助于树立产品形象。商品名文字可以加以装饰变化。基本文字需设计编排在包装的正面，因为它传达着商品的重要信息以及企业品牌形象。设计字体时，应该在具有一定规范性和标识性的基础上，让设计简洁、醒目、富于个性化和现代气息，尽可能地反映出商品的精神内涵，增强商品的氛围感。品牌文字形象应具备强烈的视觉效果，使消费者产生深刻的印象，以达到最佳的促销效果。

②资料文字 包括产品成分、容量、型号、规格等。编排部位多在包装的侧面和背面，也可以安排在正面。资料文字一般采用统一、规范的印刷体，如宋体、黑体等，将其做有序的编排，格式、风格都应与包装的整体设计形式相和谐。

③说明文字 包括说明产品用途、用法、保养、注意事项等。文字内容要简明扼要、字体应采用印刷体。说明性文字是商品推销的重要因素，使消费者在购买时感到可信，使用中感到方便，特别是对于新产品投放市场时效果更为显著。说明文字的编排位置应根据包装容器造型或结构而定，多数位于包装的侧面、背面、底面或者用专用纸张进行内部包装说明，如药品的法规性说明文字的内容比较多，由于药品盒体小、空间有限，所以一般这类文字会用专用纸张印刷出来，折叠放在盒体里面。

④广告文字 宣传商品特点的推销性文字，内容应做到诚实、简洁、生动，切忌欺骗与教唆，其编排部位多变，字体采用变体字，设计空间大。广告文字的重要程度仅次于基本文字，一般设计编排在包装的正面上。合理地编排设计广告文字，会使消费者对商品产生良好的印象，增强对商家的信任度。广告语的字体设计，除了有必要读懂信息外，文字可以处理成装饰性语言，充当版面的背景或图形状态；内容上应当使消费者感到既富有情趣又有信赖感。但是，广告文字并非是包装的必要文字。

6.3.2 包装文字的设计原则

（1）突出商品属性

包装文字的设计应和商品内容紧密结合，并根据商品的特性来进行造型变化，使

图6-56　饰线体文字突出品牌的经典与历史

图6-57　修长的字形与瓜子的外形相关联

图6-58　粗狂、厚重的字体增加了商品的纯朴品质

之更典型、生动、突出地传达商品信息，树立商品形象，加强宣传效果。尤其注意商品的特征与字体是否匹配，既要达到内容与字体在风格上、意义上的默契，又要与商品本身的卖点或性格一致，要做到形式与内容的统一。包装上的字体表现形式应由文字的内容来决定，字体设计要确切地体现内容的含义及商品的主要特征，力求使文字形象的个性、艺术风格与企业产品相一致，艺术风格与词义相一致。例如，女性化妆品的品牌文字，可采用较细的曲线形字体，充分表现女性柔美、温和的特征；而男性化妆品的品牌文字设计，则采用较粗的直线型字体，简洁大方，充分表现男性的阳刚、稳重之感。

（2）易识别

易识别是文字的最基本要求。无论是品牌文字、广告文字还是说明文字，都必须遵循这一基本原则。有些文字设计很有创意，但可读性差，难于辨认，就失去了文字传达信息的意义。在琳琅满目的商品包装中，消费者在每一件包装上的视觉停留时间只有不到1秒的时间，想要抓住消费者的视线，文字的可辨性、可读性就显得尤为重要。特别是品牌文字，无论是怎样变形、夸张，都要求简洁、明快、易懂、易读、易记。文字有其合理的基本结构和规律，不能为了单纯追求字体的艺术效果而任意改变其结构，增减其笔划；也不能设计出令人费解的字体；字体形态也不宜过于复杂和矫饰；在选用书法字体时也要特别注重其易辨性。否则，会使文字难以辨认而失去其应有的易读性、易识性的最基本功能，并导致包装设计的失败。因此，在包装设计中，文字设计必须简洁、醒目、易于辨认和记忆。

图6-59　字体众多、不易识别

图6-60　字体结构变化太大，不易识别

图6-61　字体结构过于规整，不利于记忆

（3）艺术性

想要在众多的商品中吸引消费者注意，必须使包装的视觉形象具有独特、鲜明的个性。

字体本身就是一种艺术形象，具有美感与抒发情感的特性。在包装的文字设计中，要充分利用形象思维和创新思维，设计出富有个性、别致、新颖的文字形式，以区别于其他同类商品包装的文字，给消费者留下独特的视觉感受和良好的视觉印象，达到销售商品的目的。包装字体在设计时，不能仅仅满足文字的可辨性和可读性，还应该充分调动文字内涵的表达魅力，注重字体的时代性和艺术性。美观和谐的字体能给人们带来审美的愉悦感，它有利于充分发挥字体的视觉传达功能并使包装更富成效。

追求文字艺术性的同时，也不能忽视文字的整体统一性。在一款商品包装画面上，不宜采用风格过多的字体，也不应只注重局部的美观而忽视全局。要从整体出发，注重笔形的协调统一，结构的严谨，字体与字体之间的相互关系及整体风格的统一，以增强字体的表现力和感染力。特别是在品牌文字的设计风格上，更要相互关联，有机统一，给人一气呵成的整体感。否则，会显得杂乱无章，直接影响包装的信息传达，也影响消费者对包装的整体视觉印象。

图6-62　独特的字体与图形风格统一，强化了视觉整体感

图6-63　字体带有农家的纯朴风格

图6-64　动感十足的字体与夸张的图形相得益彰

（4）时代感

不同字体反映出不同的时代特征。字体在审美方面的追求是随着时代发展而发展的，每种文化、文明的进步都有一种对新的书写风格的追求，都会伴随着一种新的字体表现形式。如楷书比篆书书写快捷，形体更加严谨而流行于唐朝，宋体字更加适应于雕版印刷而被明朝政府广泛使用。当今的变体美术字适合于多元化时代特征而频频出现。包装设计中的字体设计若能与产品内容协调，会加深对产品的理解和联想。如篆书、隶书有强烈的古朴感，显示中华民族悠久的历史，用于"传统古酒""宫廷食品"等包装就很得体。无饰线体美术字简洁单纯，代表工业时代特征，如果用于现代工业品包装，就显得风格统一、协调一致。

图6-65　放大、破损字形体现了现代的时代特征

图6-66　英文字体表达了具有宗教色彩的时代特征

图6-67　广告语字体符合"萌"的时代特征

（5）与包装容器相匹配

不同造型或结构的包装容器应当选用与其适合的字体，以适应商品包装容器的造型和结构特点。例如，盒、袋等方正平整的简单造型结构，可采用多种字体；瓶、罐、筒等圆柱体造型包装，不宜选用过于复杂花哨的字体，以免扰乱视觉而适得其反；异形与不规则包装更应注意字体要易于识别、单纯简洁。包装设计中字体设计的繁简难易程度要根据包装容器造型结构的繁简难易程度变化，既不要使文字与容器造型结构组合极度单纯化而使消费者对商品没有兴趣，也不要使二者组合极度复杂化而使消费者产生视觉识别困难的情况。

图6-68　上下排列满足了圆柱形容器的阅读需求　　　　图6-69　充分利用圆柱形容器特点排列文字

6.3.3　包装文字的表现方法

（1）字体的装饰化设计

　　运用重叠、透叠、折带、连写、共用、空心、断裂、变异、分割等装饰手法，对文字的本体或背景进行各种变化，以使字体呈现出新颖多样、绚丽多彩的视觉效果，是应用范围最为广泛的一种变体字。字体适度的扩张或收缩，有意的繁与简、增与省、断与连等以达到装饰化的效果。如笔画上重新修改、规整、弧度、空白、切划、分割上的变形，使字形显现出特殊而新颖的形象。另外，特异组构也是字体变化的手段。特异构成常以印刷字为基础或设计一组形态相同的字体，在笔画的其中一笔或是一组连字中的某一个局部做少数或一个形的变化，以求"正常形"与"非正常形"的区别，造成视觉上的刺激，创造适度的"眼"，形成视觉焦点，打破单调，达到出其不意、平中托奇、生动活泼之视觉效果。

图6-70　字体的投影装饰法

图6-71　字体笔画的变形装饰

案例6-22

　　右图是一款采用中医的理念将五种中药材浸泡酿制而成的药酒。蛇、蝎、壁虎、蟾蜍、蜈蚣这五种动物或昆虫，在中国俗称"五毒"，采用这些作为原料来制酒，包装的要求是不能让消费者看到产品的时候，与传统"五毒"阴森恐怖的形象串联在一起想象，而应该整体感知的是一种别具一格的东方神秘气质。品牌字"国粹五独"，降低了毒的文字阅读功能，删减笔画。中英文组合采取大小无序的形式，着力寻求视觉上的刺激，并赋予文字以字面外的新思维、新概念。包装中对文字进行解构、删减、留白，以及字号的无限放大或缩小，改变了人们的传统视觉欣赏习惯，从而增强了文字的视觉冲击力。

（2）字体的形象化设计

主要表现方法有局部添加形象、笔划形象化、整体形象化等，如将文字的某一部首或某一笔划或字头字尾设计成具体实在的形象，以表达某种特殊的意义。在设计中，应注意形象图形在文字中的适当位置、比例，以及形象图形与文字之间的关系，形象图形要生动、鲜明并有一定的象征性。

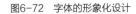

图6-72　字体的形象化设计　　　　　　　　　图6-73　字体与图形的形象化设计

案例6-23

图中所示是一款名为"Meon"的染发剂包装。产品面向的是追求个性、充满野性的年轻消费群体。包装文字以霓虹灯管的形象与各种动物、植物图形组合，形成具有冲击力的版面，通过视觉迅速地刺激和调动人们的心理储存，来感受外在的表意和文字内在的诉说。字体的形象化设计，不仅是把美的感受和信息传递给消费者，还广泛调动受众的激情与感受，使他们获得娱乐、消遣和艺术性感染，从而领悟出这款包装独特个性的审美内涵。

（3）字体的意象化设计

　　字体的意象化设计有两个方面：一方面，可对字体结构形态或字体组织形态所显示出的文字特定涵意进行富有创意的设计；另一方面，也可按词义内容或设计需求，给予想象并加以创造性的艺术处理。这种意象化设计能以一定的意蕴融于字体的形象之中，具有一定的暗示性和象征性，它能更好地帮助人们理解文字的意义并使其感受到字体意象化设计的趣味性。它赋予字体以强烈的意念和独特的个性特征，充分体现出文字的力量，具有强烈的艺术感染力。

图6-75　文字与太阳组合表达含"维生素C"的果汁饮料

图6-76　字体的意向化设计

图6-74　字体的意向化设计

案例6-24

　　图中所示是一款名为"绝乐"的啤酒包装，包装图形是一头倔强的犀牛，表达"身无彩凤双飞翼，心有灵犀一点通"的寓意。中英文字体都采用笔划连接、波浪卷曲的形式。强烈的花体字风格意向"绝乐"，即狂欢中兴高采烈的氛围。同时，字体风格特征也与犀牛图形高度一致。

（4）字体的虚实设计

字体的虚空间是相对于实空间而言的，虚实相互补充，构造出字体的字形兼容并蓄、若隐若现、虚实相间，突破平常的秩序和规则，赋予新的视觉表现。笔划减省就是字体设计将虚拟实的视觉语言表现。将字体某些繁冗的笔画或细部笔画省略，保留字义的关键部分，就能触发对该字的完整感觉而达到以部分来感知整体的视觉效果。

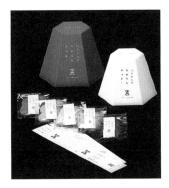

图6-77　品牌字与背景字虚实对比

图6-78　字母与背景虚实对比

图6-79　书法字体融入背景而产生虚实对比

图6-80　字块与背景的虚实对比

案例6-25

"凤凰山"品牌名作为字体元素在包装上采用了虚实创意。起到包装盒背景作用的篆书"凤凰山"占据了包装盒的大半空间，但明度虚化后若隐若现。占据视觉中心的宋体"凤凰山"虽然体积小，但与背景明度对比强烈，醒目突出。画面虽然色彩单一，但虚实相间，层次丰富，主题突出。

（5）电脑字体设计

　　根据商品的特征与创意的需要，运用电脑技术对字体进行各种设计变化。如把字体放大、缩小、拉长、压扁、变斜、扶正、有粗有细、立体字、投影字、金属字、木纹字、水晶字、背景图片浮雕字等，千姿百态，应有尽有。但是电脑字体由于变化机械而缺乏人情味且局限性大，要注意设计的创新性。

图6-81　形式多样电的脑字设计

6.3.4　包装文字编排设计

　　包装上的文字编排设计要从包装设计整体出发，在画面上给文字以恰当的位置，并运用形式美法则对其进行创造性地整体设计，以使文字与各要素之间的编排设计形式多样，主次分明，既富于变化又和谐统一。

　　包装文字编排设计，仅以视觉审美的规律排列是不够的，还需要赋予机能性的视觉整理，把握视觉流程的规律，才能达到编排构成的最终美学目的。所谓视觉流程是指人们在阅读的过程中，视线会自然地按照所诉求的内容，一步一步地读下去。这条无形的视觉空间流动的线就称为视觉流线。文字编排设计实际上是对包装表面各种文字信息进行最佳组合，其目的是诱导人们的视线按照设计师的意图获取大量的商品信息。

（1）主次信息有序

　　包装上的文字编排设计，首先要正确安排包装上的主次信息，然后运用对比、调和、均衡、比例、节奏、韵律、统一等形式美法则，对文字进行科学、合理、巧妙的编排，使主体信息成为画面中最引人注目的视觉中心，其余则是按照先后顺序，分层次地表达商品信息注意点。包装文字有标题性、辅助性和说明性的机能之分。由于它们的使命与作用不同，其诉求的角度和功能也有差异。标题性文字具有主要作用，它的功能是吸引人们视线停留在版面中，视觉化语言最为强烈，因此排列在主要位置。而辅助性文字可塑性强，具有一定的易读性，是次要信息，排列在次要位置。

图6-82　主次信息鲜明，画面节奏感强　　　　　　图6-83　文字信息对比强烈，主次清晰

案例6-26

右图是一款马来西亚的啤酒包装。飞溅的水滴状表示祝酒干杯时溅出来的状态，象征着幸福和快乐。包装所有的文字信息都被紧密、清楚地排列在一个标签上。文字大小对比强烈，主次信息表达有序，运用不同排列方向、通过垂直、水平、倾斜的编排形式美，产生了良好的节奏与韵律感。

图6-84　大面积白衬托的图形文字更加醒目突出

（2）余白的运用

包装上的文字编排设计，既要讲究字体笔划之间的余白，讲究字距、行距之间的余白，还要讲究字组与图形之间的余白，更要讲究所有要素组合而成的整体空间关系。余白的设计特点是运用中国传统美学中"计白守黑"的艺术手法，特别关注黑白关系处理和虚实的变化，即所谓"图与地"的关系。包装文字的信息传达是活泼，还是呆板，主要由文字的空白处所决定。通常来讲，文字的各自背景单元之间的变化与区别愈大，字体作为单个表达符号的理解就愈清楚。恰当的余白运用能使画面疏密有致，气韵生动，视觉流程更为合理流畅。一般情况下，行距余白大于字距余白，比较规范的文字编排一般是行距为字高的三分之四，有装饰变化的文字关系可以灵活多变。

图6-85　余白使顶部图形更加醒目

案例6-27

下图这款包装表达的是一种复古之风，如同隐藏在与世隔绝的大山深处。画面通过文字的疏密、虚实排列，流露出一股自然、本真的风情之美，给人以古朴、纯真、生态之感。大面积的留白，反衬出文字的重要性，而文字的组合排列、大小对比也产生了丰富的形式感，避免了画面陷入单调的风险。

图6-86　大、小字形成强
烈的点、线、面组合

（3）点、线、面的变化组合

　　包装上大小不一的图形与文字，可理解为相应的点、线、面并进行各种变化组合，通过编排设计使之形成一个新的整体形态。文字作为设计元素，其文字的书面意义已经被视觉上的形象交流所替代，文字更多地被抽象为点、线、面符号。文字作为点线面的符号，不仅局限于传达某种意念与信息，它还能起到调节、补充画面视觉效果的作用。如将密集的文字编排成一块灰面来调和黑白对比；或将文字编排成长短不一的线，在画面中进行多方向交错、穿插、透叠、复叠等，以产生强烈的方向感、速度感、节奏感，丰富和活跃画面；或用文字编排成线，对画面空间进行不同比例的分割，以产生一定的秩序感，使多种不同形态在画面中获得平衡和统一。

图6-87　点、线、面的字体编排组合

案例6-28

　　图中所示是一款来自美国的802咖啡包装。它运用文字的大小、疏密对比，成功将文字与图形融为一体，使版面有更多更深的层次，增强了画面的空间厚度。还以打破阅读常规的手法，对原有正统版式设计中的文字排列秩序结构进行反序，以增强视觉冲击力。这款包装的文字已不再是单纯的阅读性符号，它改变了人们的视觉欣赏习惯，更加富有人情味，更加轻松愉快。包装陈列在货架上，成功地达到了引人注目的视觉效果。

（4）文字的排列混搭

文字是一个蕴含大量文化内涵以及非常广泛的拓展空间的设计主体，在包装设计中不要不加思索地就把一行文字硬生生地放上去，显得呆板木讷，最好要做一些文字排列的混搭设计。当今的字体设计已经摆脱了书写或传播方式的束缚，将大量流行元素融入了设计中，混搭的设计概念也在字体设计中扮演起了更为重要的角色。文字的混搭通常有大小的混搭、排列组合的混搭、不同字体的混搭、中英文语言的混搭等多种方法。

图6-88　大小字体混搭

图6-89　字体与图形混搭

案例6-29

图中所示是一款表达在徒步旅行中畅饮的饮品包装。画面手绘出令人陶醉的自然风光景色，背包客置身其中，营造出旅行的惬意感。品牌名字体具有转折尖锐、笔画平直的特征，很像树干树枝的外形。字体与两棵杉树图形混搭，彰显了该品牌推崇到大自然中去旅行的品牌理念。

（5）包装文字中的汉字设计

汉字是最古老、最优美、最有魅力的文字，是用以记录和交流思想的特殊符号。汉字是传达包装信息必不可少的要素，好的传统包装设计要十分注意汉字设计的应用，巧妙使用汉字变化、字体设计来处理包装画面。

①汉字的形意结合　汉字在漫长的演变过程中，形体上逐渐由图形变为由笔划构成的方块形符号，其内涵丰富、奇异、优美、玄妙，充满意蕴，它的丰姿异彩与神韵妙趣，被西方人称为神奇的"东亚魔块"。汉字是一种形以感目、意以感心的文字，具有集表意、表音和意音三者于一体的特性，这一特性在世界文字中是独一无二的。如在传统商品"鞭炮"的包装上，为了强调其易燃易爆性，把汉字"火"设计成形如燃烧的火苗就给人以危险、警示之感觉。而"火"字上加一横，就成了"灭"，形象的表示火上加盖，以至熄灭的信息，给人以安全、放心的感觉。所以，汉字这种生动、直接，具有图形语言传递信息的特性，在包装设计中往往可收到奇妙的视觉效果与准确的信息传达。

图6-90　西湖龙井的茶包装设计

汉字的造字法为包装创意中汉字的字、图结合带来可能。象形字是直接源于图画的，反之，在包装创意中便可以把字图形化、装饰化。例如，古人把"龙"虚构成一个能管理一切天上飞、路上走、水中游的动物，加以崇拜为至高无上的神灵。因此"龙"获得了帝王的意义，象征庄严尊贵。在如今的传统礼品包装设计中"龙"字与龙图形被广为使用，被赋予至尊高贵、豪华气派的意义。如"龙井茶"的礼品包装创意就很好地利用了品牌名中的汉字"龙"与背景龙图形的组合，巧妙地体现汉字"形""意"结合的特性。

图6-91　"宴酒"组合成一方印章外形，蕴含着权威的意义

②汉字的空间组合　汉字的偏旁众多，可以相互组合形成无限增长。汉字的偏旁组合规律，为设计师在视觉形态的创造上提供了广阔空间。例如，商品名是本品包装区别同类商品的关键所在，商品名的设计就要达到极高的独特性与排他性，同时还应具有醒目的易识别性。这就需要在商品名的字体及偏旁部首的空间组合上做文章。汉字的空间组合设计不仅是推敲笔划的长短变化，也要经营单字大小的空间变化节奏。汉字的"一字一意"特点可以使单字之间的空间对比程度加大，呈现强烈的视觉节奏感。

汉字自身具有强烈的象形性、表意性，其空间组合不仅具有视觉美感，还可以产生强烈的趣味性。组合生趣的构字形式在传统商品包装设计中可以带来丰富的视觉表现效果。如春节的传统食品包装，为了烘托喜庆吉祥的氛围，使用"招财进宝""黄金万两"等传统吉祥文字的空间组合来表现。通过词语的笔划共用，偏旁部首的取舍、缩小、放大等空间组合变化，形成一个你中有我、我中有你的妙趣横生的适合纹样，将汉字的空间组合能力无限制地发挥出来。

图6-92　花莲传奇组合成台湾地图

③汉字的方形之美　汉字的笔划构成是绝妙的"点、线、面"构成法，它的结构规律与形式法则彰显着一种成熟的构成美。无论繁简肥瘦、宽扁大小，均体现出自然的方形构图美学价值。汉字的笔划形态多样，排列组合千变万化。笔划的粗细、方向、长短、曲直；排列的疏密、聚散、比例，这些看似复杂的元素都统一分布在"方形"之中，呈现出一种内部气象万千，外部统一稳定的视觉美感。汉字的"方形"之美并不限于汉字个体构形的本身，还在于各个字形单位的大小对应。汉字不像拼音文字那样，不同单词因所含字母的多寡不一而长短各异。而是一个汉字之内无论笔划多寡，一律大小对等。这种对等蕴含着只要所含字数对应，不同句子的视觉形态也就可以实现完全对

图6-93　品牌字组合成一艘龙舟

等的定律。汉字这种大小、长宽比例一致，字与字之间互不勾连，独立整一的特征，在包装的资料性文字编排中，非常便于排列组合，有强烈的整齐、均衡、对称的视觉美感。

案例6-30

"即墨黄"酒是具有悠久历史的中国民族特产，酿酒技术独树一帜，成为东方酿造界的典型代表和楷模。其包装采用了战国至魏晋时代的书写材料"竹简"来表达即墨黄的历史。包装上书写规整的篆书在视觉上如同一个个规整的"方点"，先形成线，继而扩展成面。看似整齐一律的每个"方点"，内部却千变万化，多姿多彩。红色方正的印章不仅具有整体、平衡的视觉美感，还有准则、道理、礼法、规矩的含义。

④汉字的书法之美　汉字之于书法，犹如人体之于舞蹈，每一个汉字都像是一个舞者，舞动出宇宙万物生灵之物象和心象。书法是把汉字形态的线结构高度抽象化、纯粹化的一种升华，激发了汉字形态演变的活力。它通过汉字本身的不同笔画特征，把线质、方向、大小，组成魅力无穷的视觉形式语言，强烈地、生动地、丰富地传递着一种独有的艺术美感。这种艺术美感对增强汉字在包装设计中的审美价值，发挥传统包装的民族风格魅力起着重要作用。书法字体通常应用于传统包装设计中的商品名、广告语的设计创意，在包装盒的方寸之间占有突出醒目的位置。在视觉设计中，书法毛笔形成的笔迹较西方的硬笔无疑具有明显的变化优势。硬笔只能进行水平的横向拖拽运动，形成的线条无法产生粗细变化。毛笔既可横向拖拽又可纵向提按，产生的线条可以自如地巨细收纵，表现迟速之变，具有无穷变化的潜能。

图6-94　"酒道"书法字体具有很强的艺术美感

案例6-31

劲酒是具有中国特色的传统药补酒。包装的品牌字"劲"采用了书法形式，通过运笔速度及对毛笔含墨多寡的掌握，令"劲"的笔划中产生长短不一的白痕，给人以飞动感觉。其"飞白"的美学价值给劲酒包装带来了独特的艺术气质。"劲"字笔法干枯、苍劲有力、挺拔刚毅，其势动感十足，充满活力。"劲"字断裂的笔画、局部的空白、破损的方形与旁边规整的"中国酒"三个字形成了强烈的对比效果，给消费者留下深刻的印象。

图6-95 喜糖包装，"心"形和"囍"字强调了婚庆的气氛

⑤汉字的吉祥意蕴　民间的吉祥文字是汉字文化意蕴的集中体现，是中国优秀传统文化的重要内容。用谐音表达吉祥的愿望是汉字文化的一大特点。如花瓶中插如意为"平安如意"，百合花和柿子或狮子、灵芝在一起叫"百事如意"，万年青和灵芝在一起为"万事如意"，童子持如意骑大象叫"吉祥如意"，瓶中插月季花是"四季平安"，鸡立石上叫"室上大吉"等。如"囍"字把"喜"重合创造，打破了汉字单纯的可识性而强调其装饰性。这种汉字创意是传统婚庆用品包装的装饰性标志，构成吉祥文字永恒的主题和美好的画面。

在中国传统商品包装创意中，提高传统包装设计的文化承载及信息传播能力，就要充分运用汉字不同时代的文化底蕴和独有的"意蕴"特征。如"柳"本意是指自然界的一种植物，意蕴单纯。然而，"柳"和"留"谐音，婀娜多姿的青青杨柳可转换成眷恋不舍之意。以柳相留，使本身并不带有任何感情的"柳"字变成了重聚惜别、游子思乡、韶华易逝等情感内涵，成为表达各类伤感、怀旧之情的特定符号。所以，月饼包装就常用杨柳元素来烘托思念、惜别的"中秋"节日氛围。

案例6-32

传统食品"柿饼"的包装创意中巧妙利用了汉字的吉祥意蕴。包装利用"柿"与"事"的谐音，用"柿柿甜蜜"比喻"事事甜蜜"，从单纯的口味表现引申到心情感悟，增添了柿饼的情趣，触动了消费者的内心情感。

⑥汉字的图文结合　汉字的图文结合设计既有图形的直觉性、丰富性和生动性，又具有文字信息传递的准确性和直接性。在视觉艺术领域里，汉字图形化的隐喻对图形创作有深刻的启发意义，用汉字图文结合来传递信息，具有生动、形象、易识别和易记忆的显著特征。汉字图形无须解读，一望就知其意，所以汉字图文结合设计成为包装设计中强而有力的元素。

图6-96　"丫"字的笔画与叶片结合，表达天然无添加

图6-97　"红灯笼"与龙灯图案巧妙结合

在包装设计中，品牌字往往面积最大，且占据最醒目位置。所以，利用品牌、商品名称的汉字结构特征，发挥汉字构成规律，设计出由汉字和图形共同来承载的图画字，是包装创意的一种常用手法。具体可以利用汉字的基本笔划通过添加、组合、变形、取舍等多种装饰手段进行组合构成，强调汉字的装饰美感和象征寓意。这种方法既合乎汉字的间架结构组合和基本形态，又注重汉字的可识别性和可读性。其内涵丰富、形式多样、手法多变，可达到汉字的语义与图像的视觉冲击相一致。

6.4　视觉要素的编排组合

包装的视觉要素编排设计主要是对图形、文字、色彩等元素进行多种组合排列的实践过程。其目的在于诱导人们的视线，使人们依照设计师的设计意图感受最佳的视觉效果。想要让消费者在短时间内了解商品资料信息，图形与文字必须紧密配合，相互交融为统一整体。在图形、文字、色彩的编排设计中，要根据包装的不同类型、不同性质进行合理有序的布局分析，使其视觉效果达成一定的有机整体，让消费者一目了然，清晰地感受到图形、文字、色彩带来的视觉惊喜。

编排组合是一种造型艺术手法，指艺术创作中艺术形象的结构配置方法。它是造型艺术表达作品思想内容并获得艺术感染力的重要手段。编排组合在包装设计中实指图形、色彩、文字等各种要素的版面布局，或叫位置经营，是研究如何把包装表面上的所有视觉元素的空间关系处理好，位置经营好，达到突出主题、增强包装艺术感染力的目的。编排组合是否得当，是否新颖，是否简洁，对于包装设计的成败关系很大。

图6-98　摄影表现为主

图6-99　文字表现为主

图6-100　符号表现为主

图6-101　具象图案表现为主

图6-102　具象插画表现为主

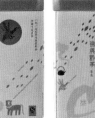

图6-103　抽象插画表现为主

6.4.1 包装设计的编排技巧

①对比 一种运用广泛、具有独特审美价值的构图形式。在包装设计构图中，把相互对立的事物合乎逻辑地联系在一起，加以对照，突出对立双方最本质的特征，使包装主题的形象更鲜明、更突出，给消费者以强烈的感受。俗话说的"红花还须绿叶扶"，就概括了通过对比可以取得良好效果的艺术规律。对比是差异性的强调，对比的因素存在于相同或相异的性质之间，也就是把相对的两要素在互相比较之下，产生大小、明暗、黑白、强弱、粗细、疏密、高低、远近、硬软、直曲、浓淡、动静、锐钝、轻重的对比。对比的最基本作用是显示主从关系和统一变化的效果。

对比规律是艺术形式美法则的核心规律，是建立包装画面美感和风格的基本条件。不同视觉编排元素只有在相应的对比关系中才能使包装画面产生明显的形态的律动与变化，形成元素间冲突和主从次序，为营造富有生命力的视觉之美的包装作品创造可能，否则就会因为缺少对比导致包装作品平淡呆板、缺乏生气。在包装设计中，通常要有近、中、远画面构图层次对比。近，就是包装画面中最抢眼的部分，也叫第一视觉冲击力，这个最抢眼的也是该包装对比最强烈的信息内容。

图6-104 疏密对比为主

图6-105 黑白对比为主

图6-106 疏密对比为主

案例6-33

日本"正面"方便面包装，第一闯进人们视线中的是令人垂涎的拉面照片和"正面"两字（即近景），依次才是小一点的"芳醇酱油"几个主体字和企业标志（即中景），再往后的便是辅助性的企业广告语、商品说明等。这种明显的层次构图法可以突出主题，营造氛围，紧紧地把消费者的视线拉过来。

②正负空间　即中国宇宙论中的阴阳思想。应用在我们今天设计美学、设计思维中，就形成了独特的美学主张。正负空间编排形式的基本特征是在固定的画面上，除了实体部分之外，画面大面积的留白。通过对可视图形处理的高度概括，使可视的实体图形与画面上的留白空间产生一种内容上的紧密联系，力求画面的留白部分"无画处皆成妙境"，使消费者用自己的审美经验补充画面上留白处隐藏了的形象内容，从而留下深刻记忆。正负空间编排形式较其他的构图形式具有更为简约洗练的外在特点，便于受众的阅读与记忆。从美学观点上看，负空间——无形部分，与正空间——文字、图形等有形部分有着同等重要的意义，没有负空间也就不可能有与之相对应的正空间。构图中良好的负空间起着烘托、强化主题的作用。因此，在进行编排设计时，不仅要注意到对有形的着意表现，而且要推敲无形部分，处理好空间的形状、大小以及相互的比例关系，使空间体现出构图的格调。

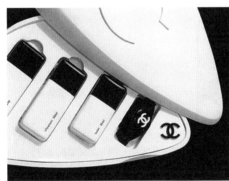

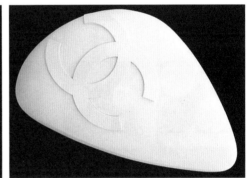

图6-107　正负空间对比，简约洗练、醒目突出

图6-108　正负对比，虚实相间

案例6-34

右图是台湾福星茶业的包装，以极简奢华、健康品位为定位方向。包装设计力求每一个细节、每一个设计都能符合国际化、低调奢华与现代中国风的目标。此款包装非常讲究含蓄与意境，主张以少胜多、虚实相生。亮丽的牡丹花余留之处营造出丰富的意境，给人以无尽遐想的空间，起到"此处无声胜有声"的效果。画面简洁而富有动感，牡丹与木纹理之间的关系就是正负空间的关系。一方面，以木纹肌理为底可以衬托牡丹图形和文字所要表现的内容，从而突显商品主题；另一方面，负空间的形也同时在影响着正空间的形，二者合理交融构成和谐而整体的画面。

③重复　一种连续出现相同视觉元素的构图形式。重复能创造出一种不容置疑的统一感和秩序性。它的特点是没有差异与对立，体现单纯、整齐的美，给人一种节奏和秩序的审美感受。如果画面中所有的视觉元素都是不同的，就很容易出现杂乱现象；相反，如果所有的视觉单元在色调或纹理等方面都是一样的，就会出现一种节奏、韵律的美感。重复构图是有组织的、重复交替的一个整体，既要有强烈的统一感，又要防止缺少变化而导致的单一感和枯燥感。

重复的编排，不代表不变。相反，重复就是"变"，单一的事物才不会有变化，没有变化就不会有发展，一个一个排列，一个一个重叠，上下、左右、前后这就是变化，正是这种天真的、有着孩童般的质朴感，会使重复的这种变化更易于人们理解和接受，这也符合现代工业社会的心理需求和人们对简单生活的向往。

图6-109　重复排列的几何图形，用大小变化增加丰富感

图6-110　重复排列的几何图形，用多色相打破重复的单一性

案例6-35

右图是一款来自科特迪瓦的巧克力包装。包装创意的目的是突出巧克力的原料以及如何在当地加工生产。插图讲述了科特迪瓦人民的故事和他们收获可可的方式。在编排上采用了重复手法。因为，当两个或两个以上的相同或相近实物不断发生、反复出现的时候，我们就会发现这是一种美的存在、美的价值。运用重复排列能够把一个很复杂的画面，具有视觉张力的系统，统一在一个范围内，使其单一的表现性有所降低，增加画面的运动方向和趋势，具有更强的视觉冲击力，带给消费者以高品质甚至是豪华的感觉。

④动静　一种相互依存、相互矛盾、相互协调、相互包含或相互转化的构图关系。在包装设计中往往可以看到，包装主题名称处的背景或周边，出现爆炸性图案看上去漫不经心，实则是故意涂沫的几笔疯狂的粗线条，或飘带形的英文和图案等，无不都是表现出一种"动态"的感觉，而主题名称则端庄稳重，大背景是轻淡平静。这种场面便是静和动的相互关系，可谓静中有动、动中有静。这种构图，避免了嘈杂的花哨和沉静的死板，从而让视觉效果更为舒服。

动与静的编排组合更能展现出一种存在感、层次感。动与静是相比较而言的，一般是有主有次。在包装版面编排中，变化的因素越多则动感越强，以"动"为主调可产生活泼的效果；统一因素越多则越会给人一种文静、庄重的感觉。所以，把握动与静的辩证关系，知晓动与静的规律，在进行包装设计时，就能按照销售主题的诉求进行处理。总之，动与静不可孤立认识，有动无静则显得模糊，有静无动则显得呆板，包装各元素的编排需要动静相融、相得益彰。

图6-111　动、静对比，沉稳的画面中蕴藏着动感

案例6-36

右图是一款加压啤酒包装。加压啤酒通常在庆祝、喜庆的场合中用来渲染热烈的氛围。瓶盖开启时会喷溅，庆祝活动的开始，喝了它会有兴奋、情绪高涨的感觉。根据这款啤酒功能定位，动感的画面编排最容易与商品属性贴切，同时可以提高视觉刺激。画面的图形、文字等视觉元素采用倾斜放置方式来打破垂直或水平的平衡来增加动感，同时与具有稳定感的圆柱体瓶身形成对比，可以让人感受到一种跃动的感觉。利用动与静的对比手段不仅强调了这款啤酒的商品名称，创造视觉冲击力，而且还在简洁的画面中隐含着丰富的意味。

案例6-37

右图是一款加拿大"蓝领"啤酒包装。包装设计很好地利用了动与静的对比，运动感十足的倾斜线条与平静的黑色背景相对比，使画面产生了一个大胆的、醒目的现代工业主义风格，从而传递出这款啤酒的现代工艺酿造特点和神韵。

⑤疏密　指画面中的各物体形象或轮廓线所构成的点、线、面的聚合与变化。包装设计中讲究的疏密对比是对布局平衡性的把握与调整，也是画面审美效果的体现。疏密是一种不匀衬的排列，是稀疏与稠密的对比关系。疏密与国画中的飞白相似，指构图中该集中的空间就须有扩散的陪衬，不宜都集中或都扩散，是一种"密不通风、疏可跑马"的构图手段，体现出疏密协调、节奏分明、有张有弛，同时也不失主题突出的形式美感。

商品包装编排设计中常以牌名、品名、图形、标识、主要说明文字等集中排列在画面一处或几处，形成疏密相间、相互呼应的整体。密空间的比例约占整个画面的三分之一左右，而其他三分之二画面则是疏空间，以形成对比，产生视觉上的韵律美。一些包装设计中，整个画面密密麻麻，花花绿绿，分不清主题图案与背景图案的差异，让人感到压抑和透不过气来，这样不仅起不到美化包装，促进销售的目的，反而让消费者产生厌倦之情。

图6-112　密不透风的图形与文字，与单纯的背景形成跳跃式的节奏感

案例6-38

湖南中烟的"白沙"是一个很成功的品牌，在"白沙"品牌的众多规格中，这一款二次元的动漫设计，活泼有趣的卡通形象，设计感十足的"天天向上"可谓独具一格。在包装编排设计上，"天天向上"考虑到消费者首先注意的是视觉聚焦点这一视觉规律，结合疏密关系，下面部分大面积留白，上面部分积极调动图形、色彩等设计元素而形成视觉中心，把人们的视线成功引导到包装最重要的地方去，以达到突出商品名"天天向上"的目的。假设不考虑画面中的疏密布局，上下一股脑儿的面面俱到，处处排满色彩、图形，看似画面显得七彩缤纷、琳琅满目，实际上却是密密麻麻一片，什么都看不出来。

⑥变异　指视觉要素在有秩序的关系里，有意识地违反正常秩序，使个别要素打破规律，出现的变化或异常现象。变异是对规律的突变，是在规律的基础上使整体与局部相对立，但又使二者不失巧妙地对接于内在联系。这一突变之异，往往就是整个版面最具动感、最引人关注的焦点，也是其含义的延伸或转折的始端。变异的形式有规律的转移、无规律的变异，可依据大小、方向、形状的不同来构成特异效果。

在包装编排设计中，利用变异手法便于营造时代前卫的画面风格，巧妙的变化会烘托版面整体的美，变异的形态更会产生神奇的效果。变异是设计艺术中的"破"与"立"，是设计艺术中的转型与激活。合理巧妙地利用变异进行设计，会使商品包装投射出智慧与力量，诸如通过对各种视觉元素的形状、大小、色彩、内容的变异，都能引起消费者的注意。

图6-113　变异手法在包装设计中得应用　　　　图6-114　变异手法在包装设计中得应用

案例6-39

右图这款红星二锅头酒包装采用了变异的设计编排手法，首先利用红星二锅头的品牌图形"五角星"，采用一种连续出现、重复排列的构图形式，从而创造出一种不容置疑的统一感和秩序性，体现了现代化工业社会的时代美感。在瓶身的正中间，用企业标识、商品名称、资料文字等元素替代"五角星"，打破了原有的秩序规律，使局部与整体形成对比，增强了活泼、灵动的画面感，同时也突出了商品名称、企业标识等重要信息。

6.4.2　包装设计的编排构架

所谓包装设计的"构架"，是指在包装设计中，依据一定的美学原则、商品属、和功能、针对的消费群体和包装的主题、风格要求，在包装版面上布置、安排、选择所要表现的图形、文字、色彩等视觉要素的各个部分和各种因素，使之成为一个完整的艺术形象。编排构架也可称为"经营位置"，是通过构图中起支配作用的结构线，将不同的编排元素纳入到一定的整体秩序中，使画面产生一种或动或静、或奇或正的不同气势和内在的统一感。包装的编排构架设计自始至终都要注意画面的整体感，要将品名、商标、广告用语、使用说明、厂名都安排适当。在编排时要注意布大势，用点、线、面代替具体的形象、文字和商标来进行构图，需从整体上把握构图中的主次、大小、前后、疏密、比例、位置、角度、空间等关系，至少要考虑包装四到六个面的连续关系，不可有孤立或烦琐之感，只有编排整体效果好的包装设计才具有良好的货架陈列效果。

包装设计的编排构架通常有垂直式、水平式、倾斜式、三角式、十字式、弧线式等构架方式。

(1) 垂直式构架

垂直式构架指与水平线相垂直的立向式构图。这种构架具有稳定、庄重、威严、雄伟、挺拔、高耸、延伸等美学特点。垂直式构架以文字最为典型，画面饱满，给消费者一种直观感受，使观者感受到一种强烈的视觉冲击力。受包装版面狭小的限制，垂直式构架通常应用在细而高的圆柱形包装或中国传统类商品包装中，如红酒、饮品、药品等，有很强的韵律感和方向性，顶天立地，很有份量，比较适于长、高的产品外形。

图6-115　垂直式构架适合于圆柱形包装

(2) 水平式构架

水平式构架指以横向水平线为主的构图。这种构架符合人们的日常生活与审美习惯，包装版面中各元素排列均采用横向形式，可以上下平行排列多行，行的宽窄可产生多样变化。水平式构架在美学上具有平稳、开阔、宁静、庄重等视觉感受，但由于其形式比较传统，在具体的设计过程中要在平衡中求变化，以免造成呆板、平凡的感觉。

图6-116　水平式构架具有开阔的画面感

（3）倾斜式构架

　　倾斜式构架给人以很强的方向感和速度感。包装版面中各元素由下向上或由左到右，以同一的律动形成活跃的视觉画面，在具体的设计过程中要注意在不平衡中求平衡。倾斜式构架有意打破平衡，加剧变化，增强运动感，给观者以一种不稳定、倾倒的视觉感受。包装编排设计中采用倾斜式构架，可使版面有动感、充满变化和生机。动感的程度与角度有关，角度越大动感越强。倾斜式构架还可以加强版面由一角到另一角的纵深透视感，使画面深远而开阔。

图6-117　倾斜式构架具有很强的方向感与动感

（4）三角式构架

　　三角式构架指的是运用对角线原理所采用的构图方式。此种构图方式正置能产生稳定感，倒置则不稳定。对于一些特殊的商品内容，三角形构图往往能够起到积极的构图效果，既满足动感需要，又能给观者以稳定感和秩序感。三角形构图是一种导向性很强的构图方式，可以将消费者的视线引向三角形的三个顶点，产生线条的汇聚趋势。所以，包装上的商品名称最适合放在三角形两条斜边的交汇点，达到突出、醒目的目的。

图6-118　引向交点的三角式构架　　　　图6-119　不稳　图6-120　稳定的三角　图6-121　增加活泼感的倒置三角式构架
　　　　　　　　　　　　　　　　　　　　定感的倒置三角　式构架
　　　　　　　　　　　　　　　　　　　　式构架

（5）十字式构架

图6-122　十字式构架

　　十字式构架是水平式构图与垂直式构图的有机结合，既有横向感，又有立向感，故可以在二维空间营造出三维空间的立体感。通过在画面中心画横竖两条线，把画面分成四份，中心交叉安排画面的主体位置。这样的构图能使画面具有稳定、庄重及神秘的感觉，适宜表现对称式构图。十字式构架还可以呈现出一种纵深感，给人平静、悠然的视觉感受。但是，如果使用不好，容易显得呆板、单调、缺少变化、缺乏生气，这时可以适当倾斜，以增加动感和纵深感。

图6-123 流动感强的弧线式
构架

图6-124 开放性强的弧线式
构架

（6）弧线式构架

弧线式构架是表现运动形态的主要结构之一，这种构图气贯顺势、盘曲回旋，具有很强的流动感和节奏感。弧线式构架具有高度的开放性、兼容性和衍生性，给人以自由、生动、变化之感。在包装版面中，弧线构图可以把品名、商标、广告语、使用说明、厂名等视觉要素的疏密、动势、虚实进行最大程度的变化想象，以创作更加动感十足的构图。但弧线构图也要注意掌握平衡，抓住中心，适当运用对称，达到既丰富又稳定的视觉效果，否则会有烦乱、失重之感。

（7）圆形式构架

圆形式构架具有弧线式构架特征，但其边线无首无尾，形状也无方向性，张力均匀，给人以滚动、团拢、优美、柔和、饱满、圆满的视感。圆形式构架能够引导观众的视线巡视圆形轮廓内的整个画面，当消费者看到包装上的圆形时就会不自觉地产生一种寻找圆心的强烈愿望。所以，包装上的重要信息要放在圆心，会产生视觉焦点，带有一种强烈的向心力。圆形式构架有同心圆、破绽圆、螺旋形等多种形态。

图6-125 滚动
感强的同心圆式
构架

图6-126 半
封闭的圆形式
构架

 本章小结

在充满包装的大卖场，消费者只会先关注其最感兴趣的包装视觉形态，这就要求包装必须把主要的商品信息迅速传递给消费者，并使消费者能很快地读懂包装画面上所传达的信息，并达到销售目的。包装的视觉要素非常直观：色彩具有先声夺人的力量，图形具有强烈的视觉冲击力，文字能准确地传达商品信息。视觉要素设计应该以传递信息为主要目的，以引导消费者完整浏览其包装内容为设计基础；充分地考虑色彩、图形和文字的相互关系，准确把握包装视觉要素设计的编排原则，使消费者了解哪些要素是最重要的，哪些要素是次要的，从而引导消费者做出正确的购买行为。

 思考练习题

1．如何理解包装色彩的商品性、人文性、广告性、独特性与民族性？
2．举例说明摄影、动漫、插画、装饰、符号等图形要素在包装中的运用及设计原则。
3．包装文字要素的设计原则及表现方法有哪些？
4．包装视觉要素的编排技巧与架构方式有哪些？

实训课堂

课题：设计一款市场上在售的商品包装。
1．方式：绘制效果图、展开图。
2．内容：了解在售商品包装的所有视觉要素信息，为重新设计的方案制订阅读顺序。从色彩、文字、图形各方面综合考虑，探索最有销售性的编排形式。
3．要求：要对在售商品包装的字体与图形重新设计。

第7章

分类包装设计

◇ 学习提示

本章通过对食品、药品、化妆品、传统商品等常用商品的包装属性及特色分析，旨在让学生掌握针对不同种类商品包装的对应设计方法，理解各类商品包装的设计特点、情感表达及发展趋势。

◇ 学习目标

▶ 掌握食品、药品、化妆品、传统商品四类包装的设计方法。

▶ 掌握食品包装的色彩设计规律。

▶ 掌握药品包装的规范要求。

▶ 掌握化妆品包装创意与性别需求。

▶ 掌握传统商品包装创意与文化性的结合。

◇ 核心重点

各类商品包装的特性及对应色彩、文字、图形等视觉要素的设计方法。

◇ 本章导读

商品的包装种类繁多、形态各异、五花八门，其功能作用、外观内容也各有千秋。为了区别商品与方便设计，包装设计必须要进行分类设计。包装的分类形式很多，可以按包装材料、包装形态、包装成品内容来分类。本章按照包装商品内容来分类研究，从包装的色彩、图形、文字、选材等方面，详细介绍食品、药品、化妆品、传统商品四类差异较大的商品包装设计。

7.1 食品包装设计

在现代社会中，食品不再以充饥为目的，不再单纯追求色、香、味，而是把吃什么、吃多少、怎么吃与卫生保健结合起来。"食"已经成为一种交际手段，成为用以表达关怀与友谊、尊敬与孝顺的馈赠礼品。食品包装越来越朝着讲究造型、使用方便、单体系列、追求品位的方向发展。

食品包装设计在整个食品营销策略中起着重要作用，可以说包装设计得合理与否，直接关系到产品的市场生命力。食品包装与日用消费品包装最大的不同之处在于：在表现商品属性的同时，必须通过色彩、图形、包装材料等来充分表现其食欲和知觉联想。

7.1.1 食品包装的色彩

心理学研究表明，人的视觉感官在观察物体的最初20s内，色彩感觉占80%，形体感觉占20%。因此，色彩在食品包装设计领域中能够美化商品、推销商品，对消费者的购买欲望形成视觉冲击力。食品包装设计中的每一种颜色都有着自己的含义和情感，它能够焕发人们的感情，引起人们心理上的共鸣。

①色彩的味觉感 在食品包装上，色彩可引起食品的味觉感。人们一见到红色的糖果包装，就会感到甜味；一见到清淡的黄色用在蛋糕上，就会感到有奶香味。一般说来，红、黄、白色具有甜味；黑色具有苦味；白、青色具有咸味；黄、米黄色具有奶香味。而表现新鲜、嫩、脆、酸等口感与味觉时，一般都以绿色系列的色彩来表现不同口味的食品。采用与食品属性相应的色彩，能激起消费者的购买欲望，取得较好的销售效果。

②色彩的浓淡感 味道除了主要有甜、咸、酸、苦、辣之外，各种味道又有浓与淡的区别。浓与淡主要靠把握色彩的纯度和明度来表现。例如，用深红、大红来表现甜味重的食品，用朱红表现甜味适中的食品，用橙红来表现甜味较淡的食品；口味较浓的

图7-1　不同色彩传达出不同口味

图7-2　蓝白色是牛奶制品的常用色

图7-3　色彩表达浓淡的味觉感

图7-4　蓝色调给人海鲜的味觉感

图7-5　黑白色调很难有味觉的感觉

酱菜、咖啡、巧克力等都用明度、纯度低的暖红色系列；口味较淡的饼干、面包多用高明度的暖黄色系列等。

③色彩心理与年龄的关系　人体随着年龄的变化，生理结构也发生变化，色彩所产生的心理影响也会有所差异。儿童大多喜欢极鲜明的颜色，红和黄两色是一般婴儿的偏好；青少年偏爱绿色和红色，其原因是绿色和红色让人联想到生机勃勃的大自然和自然界中充满生机的红花绿树，红、绿色的偏爱与青少年精力旺盛、淳朴天真的心理特质是相吻合的；而成年人由于生活经验和文化知识的丰富，色彩的喜爱除了来自于生活的联想以外，还有更多的文化因素。因此，按照不同年龄层次消费群体的色彩心理进行食品包装设计，可以做到有的放矢。

案例7-1

下图是一款意大利冰激凌包装。在有果味或模拟某些果味的食品中，最保守的包装色彩营销方法仍是采用食品主要成分的水果颜色。其独特的被咬掉一口的图形特征，不仅与同类商品有效区分开来，还直接影响到消费者对商品本身的"美味"感知。

7.1.2　食品包装的图形

现代食品包装设计中，图形的设计核心同样是要传达出商品的味觉，通过各种艺术表现方式，使商品看起来可口、诱人。例如，圆形、半圆、椭圆装饰图案让人有暖、软、湿的感觉，用于口味温和的食品，如糕点、蜜饯、月饼、奶制品等；方形、三角形图案则会给人冷、硬、脆、干的感受，这些形状的图案常用于膨化食品、饼干、冷冻食品、干货、方便食品等。

摄影图片的运用也能起到刺激消费者食欲的作用。今天，越来越多的包装设计，将食品的实物照片放在包装上，一方面展示给消费者包装内食品的样子，同时利用一些食品"美容"的方法使人们认为包装里的东西做成成品后就能如图片中一般"色、香、味俱全"。例如，方便面、速冻食品、冰淇淋等食品包装上出现类似方法。但如果消费者拆开包装后与图片中的相去甚远，就会适得其反，令消费者对同类包装形式产生不信任感而抵触商品。

情感型食品（如巧克力、月饼、咖啡、茶叶、红酒）的包装带有浓厚的感情倾向，可以用别致的手绘插图、美丽的风景图片、古老的传统纹样等图形在包装上营造氛围，给消费者以间接的情感暗示。消费者对情感的渴望很容易过渡到对包装内食品的渴望和好奇，从而产生美好的味觉联想。

图7-6　直线图形给人方便、干、脆的感觉

图7-7　菱形色块体现了方便食品的特点

图7-8　摄影图形是提高食欲最有效的方法之一

图7-9　具有地域特色的插图可勾起特定人群的回忆

图7-10　愉快的生活场景插图用来表达享受夏天里咖啡伴侣的味道

案例7-2

农夫山泉澳橙卖点定位是强调澳橙的澳洲源产地身份以及优良品质。调研显示消费者对澳洲的认知主要集中于悉尼歌剧院、考拉、袋鼠等事物。如何将这些元素与澳橙完美结合成为包装设计创意的重点。于是，设计了澳洲风土人情和澳洲特有动物拟人化两种风格。

7.1.3　食品包装的选材

食品包装材质种类丰富、特征鲜明。如木质材料让人感觉自然淳朴、温馨舒适；铝合金材料让人感觉轻快、明丽；塑料材料细腻致密、光滑优雅；有机玻璃材料明洁透亮；纤维材料柔软温暖；而竹质包装则给人通透、自然亲切之感。食品包装选材要求尽量地降低包装成本，而且要保证包装的功能和美观。对食品而言，水分达到一定含量时，细菌等微生物就会生长繁殖。因此，食品包装材料，要起到防腐、防霉、防异味、无毒的功能。当前，食品透明包装和开天窗包装较为流行，因为它能有效地展示商品的质感和形象，引起消费者的食欲。如肉类食品和冷冻食品，为了显示其新鲜程度，采用透明、半透明或者开天窗形式的包装就会比完全不透明的包装看起来更可靠。相反的，如果用透明的塑料袋包装膨化食品就没有用不透明塑料或者铝箔纸包装看起来香脆可口。

食品包装的选材与消费季节关系密切。如当消费者在夏季消费饮料时，纸质和塑料材质的饮料会令人产生不舒服的饮用体验。尤其是各类冰镇的果味饮料、扎啤等，没有玻璃包装就无法体验这些饮料的冰爽之感。所以，在夏季冰凉、清爽的饮用体验通常只由玻璃包装产生，也正因玻璃包装增强了饮料的冰凉味。在冬天气温比较冰冷的季节里，就不宜再采用玻璃包装，而应选择能增强消费者对饮料暖味触觉体验的材质，如添加有木、棉成分的纸质包装，能够给人以温暖柔软的感觉。

图7-11　半透明的包装材料　　　　　　图7-12　不透明包装材料可大面积印刷精美图案提升食欲

案例7-3

图中所示是来自澳大利亚的"强弓"苹果酒。包装的不同色彩用来区分各种口味，为了加强苹果酒天然、纯正口感的卖点，突出苹果酒的起源在果园这个概念，外包装的材质选用了木材切割后天然纹理的视觉效果。但是木材自重太大，选用纸张表面印刷木纹肌理的方法替代木材，具有天然质朴，纹路精美的感觉，达到了一举两得的效果。

7.1.4　食品包装的针对性

有些食品是专门针对某一范围内的消费群，在食品包装设计的表现上需要突出显示。如儿童食品包装：儿童偏爱自然世界的五彩斑斓色彩，合理美观的色彩搭配既能很快吸引住儿童的注意力，还能起到识别的作用。在色彩方面，应该用各种各样的颜色来展示食品包装的趣味性形象，既能吸引儿童的注意力，还可以引导儿童去探索新的未知的事物。图案要看上去五彩缤纷、生动活泼，能吸引儿童视线。包装造型上要跳出一般的方形、圆形，可以采用各种动物形象、玩具汽车等造型别致的仿生形态包装盒。使包装造型具有一定的想象力，越夸张越好，这样才会引起儿童的注意。包装的开启使用不宜复杂，否则，家长在购买时容易产生顾虑。

儿童用品主要的消费群体是儿童，但购买对象最主要的是他们的父母和长辈。因此，儿童食品包装设计除了在图型、色彩、文字、编排上考虑儿童的喜好外，还要考虑其父母和长辈望子成龙的心理。例如，在包装上印一些富有知识或有情趣的小故事，虽然这些内容和产品并不相干，但由于切中了父母关注孩子智力发展的心理，而容易达到促销效果。

老年人的食品包装设计要考虑到老年人的体力、精力。在设计包装封口和瓶口的大小时都要做到开启不费力，并容易取出内物；在图形设计上应该更为新颖醒目，多考虑一些具有民族性、传统性，有美好寓意的吉祥图案等中国元素；考虑老人的视力衰退，在主题文字上要醒目突出，有设计感。很多老人喜好书法，喜欢有韵味有内涵的东西，主题文字可选择书法设计字体，而说明文字应适当地加大；在色彩方面，明度上反差要大，色相反差小；考虑老人食量减小，包装容量大小和容器的轻重要适宜

图7-13　夸张的卡通造型传达出美味的信息

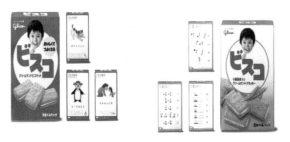

图7-14　带有知识性、趣味性的插图，增加了对儿童家长的吸引力

图7-15　抽象、动感、艳丽的
　　　　几何图形，更适合青年群体

老人使用，并保证卫生；老年人对价格比较敏感，要求货真价实，包装和食品的价格比列要合适。

案例7-4

图中所示这款包装将不同的笑脸表情赋予卡通形象，并通过调整其在包装中的平面布局和水果种类特征设计，使它们传达出活泼、乐观、幸福等各不相同的表情。卡通图案的应用打破了儿童食品包装单一、呆板的设计形式，极大地丰富了儿童食品包装设计的表现形式和设计内容，更加符合儿童消费者的喜好和审美需求。色彩采用以原色为包装主要色彩基调的设计方法，这种高明度、高饱和度的色彩不仅容易吸引儿童的注意力，同时还会激发他们的食欲。

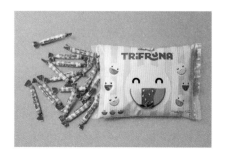

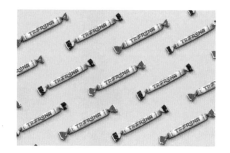

案例7-5

下图这款包装是来自希腊的葡萄干食品包装。包装利用了儿童对未知事物具有无尽好奇心的天性，巧妙地把包装盒内面印刷成各种卡通动物形状，加之结构的创新再设计，使孩子在打开包装后可以再次折叠成形态各异的动物。包装尺寸规格也非常适合孩子的手来折叠操作。这个隐藏着纸玩具的创新包装，不需要剪刀和胶水就能组合成许多小动物，强烈地吸引着家长和孩子。设计者利用了儿童喜欢尝试新鲜事物这一特点，充分挖掘儿童的心理特征和认知习惯，设计出灵活多变的造型，再搭配独特有新意的折叠方式，无疑为成长阶段的儿童提供了开发智力的良好机会。

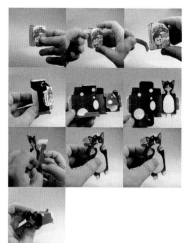

7.1.5 食品包装的发展趋势

①食品保鲜包装 当前，追求完美的保鲜功能已成为食品包装的首选目标。除无菌包装的广泛使用外，具有除氧保鲜功能的包装也应运而生。将矿物浓缩液渗透于吸水纸中形成包装袋，将果蔬等食品放入这种纸制包装材料中，果蔬可从矿物浓缩液中得到营养供给。

②食品包装方便化 方便是食品包装发展不容忽视的方面。消费者需要开启、封合都较为方便的包装，同时也需要食品包装能给生活带来更多的方便。如自冷、自热型食品包装；易开、易封型食品包装；小型食品包装等。

③食品包装轻量化 为方便消费者携带，同时减少包装材料的使用、降低成本，食品包装正逐步向轻量化转变。

④绿色食品包装 在人们对生态环境极大关注的今天，食品的绿色环保包装也成为一种必需。世界各国都把减量、复用回收及可降解作为生态环保包装的目标和手段。

7.2 药品包装

药品作为特殊的商品，直接关系到人体的健康，所以药品包装具有与其他商品不同的特殊性。一个优秀的药品包装能够准确地传达药品的药理信息，表现出良好的药品内在质量，通过安全保护、便利的使用引导以及品牌形象展示等方面来满足患者心理和生理需求，满足他们渴求健康的愿望，使患者对药品产生信任感和依赖感。优秀的药品包装能够使患者在瞬间的视觉药理信息传递中增长知识、体会关怀，唤起对症患者及其亲属的治疗信心，将他们潜在的需求转化为显现的购买欲望。

由于我国医疗制度改革中有关药费支付方式的变化，患者自行选择药品的比例大大提高，市场也对药品包装设计提出更高的要求。药品的包装分内包装与外包装。内包装指直接与药品接触的包装（如注射剂瓶、胶囊剂泡罩、包装铝箔）。药品内包装的材料、容器的选用，应根据所选用药包材的材质，做稳定性试验，考查药包材与药品的相容性。外包装指内包装以外的包装，外包装应根据药品的特性选用不易破损、防潮、防冻、防虫鼠的包装，以保证药品在运输、贮藏过程中的质量。

7.2.1 药品包装的色彩

药品包装的色彩是药品整体视觉的形象色，不同的色彩代表不同的药品价值及视觉功效，药品包装色彩必须以鲜明的色调来反映药品的特点。药品包装色彩设计不仅要装饰与美化药品，还要有效地表达药品的相关信息及销售策略，还能与患者之间产生交流与互动，在无意识当中帮助人们诊断和治疗疾病，最终提高药品的销售额。所以，色彩是药品包装设计中最有影响力的因素，对医药产品的销售、宣传，品牌形象的建立起着关键性的作用。

图7-16　蓝色体现了药品的科技感

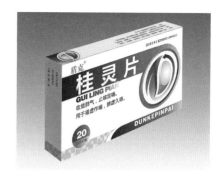

图7-17　绿色可带给患者一种亲近感

　　不同的色彩在不同的环境下加以合理的运用，能够引起人的心境和情绪的变化。同理，只有在熟悉药品功能的前提下，才能合理选择和运用适当有效的包装色彩。例如，治疗心血管、肺结核的药物应避免红色，因为红色可增加心脏压力使脉搏跳动的节奏加快；相反，红色经常被用来辅助治疗忧郁症、低血压、低血糖、畏寒以及一些与血液有关的疾病；白色具有一尘不染的品貌，能给人以干净卫生、疗效可靠之感，故特别适合作为药品的包装色；蓝色有退烧、降血压、治疗失眠之感，安眠安神类药品用蓝色；止痛镇静类药品用绿色；健胃消食类药品用橙色；保健滋补类药品用红色等。总之，在药品包装色彩设计中，要坚持因病制宜、因药效制宜、因消费者心理接受制宜、因时尚审美趣味制宜的原则，把药品的药理属性和温馨的关怀紧密结合在一起，赢得消费者的信任与好感，树立商品在消费市场的品牌形象。

7.2.2　药品包装的图形

　　药品包装的图形设计主要运用构成的手法，采用具象图形或抽象图形，传达药品信息。通常有以下几种设计方法：①从药品本身特性、功能、疗效等角度出发，针对这些特性的联想来设计药品包装图形；②从公司品牌标识或提取标识的局部特征进行延展设计，突出品牌形象的认知；③从药品的化学分子形式角度出发，以抽象形态的韵律、动态、节奏进行组合表达，以此产生权威的科技美感。西药多采用抽象图形，用点、线、面以概括、简洁、新颖的构成手法创造出一些独具现代美感的形象，常能给人留下深刻的印象。但并不是说西药包装的图形设计就必须都一味的抽象下去。具象的插图有时会更容易为患者带来减轻病痛、舒缓心情的功效。如康泰克"24小时缓解感冒症状、药效持续达12小时"，以象征时间的抽象线条为定位，显得自信、轻松。

案例7-6

　　感冒药"速效伤风胶囊"为了突出"日与夜"的不同药效，即吃了日片不瞌睡、吃了夜片易入睡的功能，包装采用充满健康活力的橙色太阳和宁静、舒缓的墨绿色月亮的具象图形，给人以轻松、温馨的感觉。

图7-18 药品包装的具象图形清晰地提示出其功效性

图7-20 儿童药品包装的图形要有童趣才能消除儿童的恐惧心情

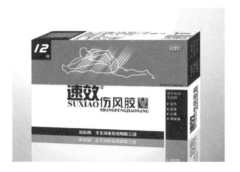

图7-19 用奔跑的人强调出"速效"的功能

图7-21 图形清晰地传递出与牙齿健康有关

中成药、滋补药包装的图形设计可以从其制药历史、地域特色、功能成效等方面出发，采用人物图像、原材料图像、装饰纹样等图形创意来表现。如藿香正气水包装就采用藿香图案，六味地黄丸包装以地黄为图案，以显示出古方成药选料的上乘。

总之，药品包装的图形语言设计必须准确明了，通俗易懂。对消费者应了解的用药时间、用后可能发生的不良反应、特殊人群的安全警示说明等方面的事项应有详尽而明确标示；图形要具有亲和力，能够直观地对患者诉求、沟通及说服，令患者心理上产生信任感和期盼。图形的选择还必须与药品的医药特性、地域文化、审美趣味与时尚相关联，不可缺少视觉艺术的个性创意。

7.2.3 药品包装的文字

药品包装中的文字是药品包装设计中最主要的语言。药品包装文字包括：品牌文字、中英文名称、容量、有效成分、用法及用量、使用注意事项、有效时间、药品批准文号、厂名、地址、广告语等。其中，危险药品、剧毒药品必须用规范文字表示。药品包装的设计难点之一就是文字多、版面空间小。所以，在设计中要分清主次、合理编排，既便于消费者识别，又具有主次视觉秩序的设计美感，且让消费者对药品的安全及功效产生信任感。

药品包装有严格的国家规范和标准。例如，国家食品药品监督管理局明令"药品商品名称不得与通用名称同行书写，其字体与颜色不得比通用名更突出和显著，其字体以单字面积不得大于通用名称所用字体的二分之一"，以防止商家过于宣传其品牌而忽视对药效的说明。

图7-22　中成药包装的文字可做适当的设计

图7-23　中成药包装的文字可做适当的设计

西药包装文字设计，一般采用现代字体的变形处理，简约大胆，排版稳健，充满动感。药品名处理手法和字体的选择是决定文字在画面中甚至整个包装效果的关键所在，要考虑中英文对照，设计上不能像食品包装那样花哨夺目。中成药是我国的传统药品，在包装设计上通常采用传统的书法艺术来表现，还可借用中国古代文字的排版形式，增强药品的传统美感。如北京的百年老店"同仁堂""千芝堂""永安堂"，天津的"达仁堂"等，无不以独特的汉字形体作为该企业的特定商品标识。

7.2.4　药品包装的选材

药品包装材料是包装设计语言的物质载体，也是药品形象的重要组成部分。它与药品包装设计的各要素一起决定药品包装的效果，因此必须重视。

在选材上，西药片剂、胶囊和中成药的粉剂、颗粒剂等药品，主要使用泡罩包装、铝塑泡罩包装。目前最常用的医药用泡罩包装材料为PVC（聚氯乙烯）及PVDC（聚偏二氯乙烯）。PVC有良好的相容性能，易于成型和密封，价格低廉，透明度、阻隔性和机械强度基本上可以满足药品包装的要求，但阻隔水蒸气的能力和热稳定性能较差，对于防潮要求较高的药品，PVC则不尽人意。PVDC的分子密度大、结构规整、结晶度和透明度高、耐候性好。PVDC膜是目前阻隔性能最好的一种薄膜，而且它对于水蒸汽的阻隔性能亦高于PVC，是泡罩包装的理想材料。

7.2.5　药品包装的人性化

消费者所关注的药品包装不是图画、也不是花哨，而是看包装是否体现对人的感情的尊重，是否具有亲和力。药品包装实际上承担了心理治疗的责任，要有减轻患者心理压力的作用。所以，药品包装设计要人性化，要深入生活，注重对人情、人性的把握。

药品包装的人性化设计体现在强调药品的识别度与说明的准确度。药品说明书及药品包装说明要力求详细、准确无误。要根据包装大小调整字体、字号、字间距，注意设计上的细部处理，使医护人员和使用者看起来方便、舒适，使某些着重突出、重点宣传的文字一目了然。在包装画面的编排与设计上，净含量、使用日期、鉴定号等都应按照规定加以明确的标注。

药品包装人性化设计就是要"想患者所想，急病人所急"。如患关节炎人士所用的药物不能装在采用锁式密封盖的瓶子中；对于那些需要长时间定时服药的老龄患者，可采用在包装盒上添加设计程序的芯片，当他们忘记吃药时，芯片会自动报警提醒吃药。针对老年人的药品尽量使用一次用量的小包装或使用后能够很容易地重新密封的包装，确保药品使用安全和疗效。在开启方面可适当增加药品包装的撕裂齿孔数目，加宽撕裂条，减少纸盒密封胶的用量，放大开启阀，使用质地优良的盖子和拉伸薄膜等。同时避免使用一切小的、薄的、细的包装零件，尽量不采用锁式密封盖的瓶子，以免导致老龄患者难以打开盒盖。

近年来，儿童安全用药成为药品包装越来越重视的问题，其中预防儿童误服药品是关键所在。因此，药品包装设计应考虑给儿童开启包装制造障碍，从而杜绝或减少儿童接触药品的机会。如开发特种瓶盖，这种瓶盖必须在成人的帮助下，儿童才能打开，以防止儿童自己取药。还可以在包装上添加特殊的气味元素，当儿童用手摩擦包装或触碰开启装置时，特殊气味就被释放出来，从而在嗅觉上给儿童以警示或暗示。

药品包装的人性化设计还可表现在带有刻度的塑料量杯瓶盖；静脉滴注时要求避光药品的专用避光袋；同一种药品分成人包装和儿童包装。提醒儿童、老人、孕妇注意安全，就在包装上提示"将药物放在儿童不能触及的地方""老年人慎用""孕妇忌用"等。这样才能给消费者带来安全感及可信度。

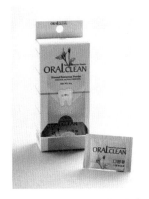

图7-24 开取方便的药品包装

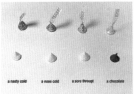

图7-25 为了消除儿童用药的抵触情绪，药丸设计成糖豆的造型与颜色

案例7-7

悦康药业出品的中成药"通脉降脂颗粒"包装定位于五种名贵原材料的表述，设计了三个方案，第一个主体图案为中药柜子，柜子上有该药品所含的中药原材料图案，以体现该药品是中药以及该药品的成份。第二个以线条绘制血管，香槟金圆点表示药品对血管通脉降脂的功能。第三个用药品所含的中药原材料为装饰图形，以明确告诉消费者药品成分。

1

2

3

7.3　化妆品包装

化妆品包括护肤品、美容美发用品和香水等几大类。化妆品是精神需求大于物质需求的特有商品，"包装常常比盛装在里面的产品还重要"这句话在化妆品包装设计中显得尤为突出。为了吸引消费者注意，加强商品竞争力，化妆品营销商越来越重视包装的创新与标新立异。与其他的商品相比较，化妆品包装更加注意美观、时尚、前卫、个性，而不仅仅是起到保护商品的作用。优秀的化妆品包装不仅能够把枯燥的化工产品变得活灵活现，还可以直接刺激消费者的感官，使消费者从心理上、精神上、文化上得到满足，将品牌的品位体现得淋漓尽致，提升其身价。

7.3.1　化妆品包装分类

当前，化妆品的功能和作用越来越细化，档次差异十分明显，包装形式令人眼花缭乱。化妆品的分类形式很多，从其外部形态和包装的适应性来看，主要有固体化妆品、固态颗粒状（粉状）化妆品、液体及乳液状化妆品、膏状化妆品等。

①固体化妆品的包装　固体化妆品的种类相对较少，主要有眉笔、粉饼、各类唇膏等。大部分固态化妆品实质上是高粘度的流体，质地较软，轻轻擦拭就可以损伤表面，容易蹭脏和断裂，这类化妆品的常用包装材料通常有聚苯乙烯，聚丙烯及高档纸板（以保护商品不受损伤）可采用烫印、移印等印刷方式提高品质感。

②固态颗粒状（粉状）化妆品的包装　这类化妆品主要有粉底、爽身粉等颗粒状（粉状）产品，常采用的包装方式主要有纸盒、复合纸盒、玻璃瓶（广口、小型）、金属盒、塑料盒、塑料瓶（广口、小型）、复合薄膜袋等。一般情况下，包装容器要进行精美的装潢印刷，并有印刷精美的纸盒与之相配合。

③液体、乳液状化妆品和膏状化妆品的包装　在所有化妆品中，这类化妆品的种类和数量最多，包装形式十分繁多，主要有：各种造型和规格的塑料瓶（一般要经过精美的装潢印刷）；塑料袋的复合薄膜袋（常用于化妆品的经济袋或较低档的化妆品的包装）；各种造型和规格的玻璃瓶（如指甲油、染发水、香水、爽肤水等包装）。这些包装还通常需要用彩印纸盒，共同组成化妆品的销售包装，以提高化妆品的档次。

④化妆品的喷雾包装　喷雾包装具有准确、有效、简便、卫生、按需定量取用等优点，常用于较高档化妆品和要求定向、定量取用的化妆品的包装。如发用摩丝、喷发胶、香水等化妆品。

7.3.2　化妆品包装特点

化妆品包装不仅更新快、设计前卫，而且加工工艺水平也越来越高，化妆品包装首先要求不能同内容物发生任何化学或生物反应；其次，使用要方便，要具有一定的耐用性；第三，要具有很好的推销作用。因此，化妆品包装有以下几个特点：

①色彩方面　不同年龄段对化妆品包装色彩的要求有着自身的特点。青少年更喜欢

青春亮丽、饱和度高、明度高、充满生命活力的色彩；中青年更喜欢有情调、梦幻、清新、典雅的色彩；中老年喜欢稳重、高雅的色彩，可给人一种安定祥和的心理感觉。化妆品包装的色调一般根据产品销售对象的性别来决定。针对女性的产品多采用温馨、轻柔、高贵、典雅的中间色和暖色调。这一色系大多是女性喜爱的颜色，容易使她们联想到鲜花、雨露、生机、美丽，突出女性温柔大方，高贵典雅的气质。当然，也有些化妆品一反常规采用强烈的色彩进行对比。如羽西化妆品就是用中国红与纯黑，以及金色包装产品，整个系列包装雍容华贵，热情奔放，包装中散发出的异国情调，使其产品在众多化妆品包装中脱颖而出。针对男性常采用偏冷的色调，如蓝色调、灰色调，包括黑白这一经典颜色也是男士乐于接受的。这些颜色可以使他们联想到力量、坚强、冷静、执着，用以彰显男性的刚劲与神秘。如欧莱雅、曼秀雷敦、碧欧泉等品牌的男士系列都很好地诠释了这一规律。儿童的护肤品包装则采用幼嫩的粉色系，与儿童的形象相吻合。

图7-26 色调单纯易于识别的化妆品包装

图7-27 用色独特的化妆品包装　　图7-28 单色化妆品包装更显高贵　　图7-29 女性喜爱的化妆品包装色调

案例7-8

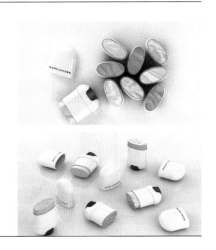

美国玛亚科布系列化妆品包装，外包装色彩偏向黑白色系，给人洁白高雅、神圣高尚、明朗清净等心理感受。外面的黑白色与内部亮丽的高级彩色系，形成鲜明的对比，给人一种安静、唯我独尊的感觉。无须花哨、无须争夺就形成了一种无形的魅力与格调，品牌档次也得到了最完美的诠释。

②图形设计 化妆品有别于其他产品，不同年龄段、不同性别、不同的产品功效都应有不同的个性化包装来区分，设计师应从各个不同的角度来考虑，从图形创意中找到合适的创作元素与激情，把各种有趣新奇的图形运用到化妆品包装中去，来突显化妆品包装设计的张扬个性。如以精美简洁的图案装饰，或是以非写实的、抽象化的图形来表现产品的信息，具有概括、简洁、新颖的现代感，能给人以丰富的联想，符合现代女性追求时尚、引领时尚的心理。目前，随着复古风潮来临，民族化的化妆品包装也开始引导潮流，图形以中国传统的民间纹饰或传统造型为主调，相应地加入现代的元素，使化妆品包装既富有传统的文化内涵又有灵动的外在表现。

图7-30 具有东方意蕴的化妆品包装

图7-31 植物花卉图形常用于女性化妆品包装　图7-32 抽象图形是化妆品包装的惯用手法

③文字设计 由于化妆品属于工业化时代的高科技化学产品，包装上的文字往往简洁明了，清晰醒目，主要以品牌名称为主。面向女性的文字多采用装饰字体，造型精美，能充分体现产品的个性风格，说明性文字一般会附在包装盒内以供参考。

图7-33 嘉士伯品牌的化妆品包装。嘉士伯是知名的啤酒品牌，其开发的化妆品包装没有任何图形，重点突出嘉士伯品牌字　图7-34 纤细的笔划象征女性的柔美

图7-35　黑白色与棱角分明的结构线表明了面向男性消费者　　　　　　图7-36　多种规格容量的
包装

④包装容器　造型、规格多样，以满足不同的消费层次。由于化妆品市场竞争加剧，各生产商在化妆品包装上的投入也越来越大。对于中低档化妆品，为了满足不同的需要，包装容器的容量大小呈现多样化，以方便消费者的选择；对于高档产品，采取小容量进行包装，以满足低收入者的需求，尤其是满足青春少女因好奇而产生的消费心理。

⑤系列设计　化妆品进行成套系列化包装，以方便消费者的购买，同时又使整体价格低于单独购买的总价格。通常用于同一品牌、同一主要功能，但不同辅助功能的一系列化妆品，或者同一品牌、同一功能，但不同配方的一系列化妆品。在包装设计时所进行的系列化设计，应符合系列化包装设计的特点，既达到系列包装的作用，又有利于消费者的选择。

图7-37　突出品牌的化妆品包装

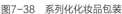

图7-38　系列化化妆品包装　　　　　　　　　　　　　图7-39　针对成熟女性的化妆　　图7-40　面向年轻女
品包装　　　　　　　　性的化妆品包装

7.3.3　化妆品包装的选材

化妆品作为一种时尚消费品，需要优质的包装材料，以提升其身价。目前，玻璃、塑料、金属三种材料是当前主要使用的化妆品包装容器材料，纸盒则常用作化妆品的外包装。下面介绍几种新型材料的特征：

①真空包装　具有保护性强，强力恢复性高，方便高粘度护肤乳的使用等优点。目前流行的真空包装是由一个圆柱体或圆体容器加一个安置其中的活塞组成。真空包装的缺点是使包装体积增大，不利于市场竞争。真空包装的另一个重要发展方向是突出功能性，对于不复杂的容器十分重要。

②多层塑料复合技术　它能使多层不同种类的塑料复合在一起，一次成塑出来，可以选择任何可想象的色彩以及设计出各式容器。有了多层成塑技术，塑料包装一方面能完全隔绝光、空气，避免护肤品氧化；另一方面，通过揉合不同种类的物质，在外观上获得奇妙的视觉效果和独特的手感，提高了软管的可曲折性。

③化妆品胶囊　指将内容物密闭包封在各种颗粒状软胶囊中的化妆品。化妆品胶囊从根本上突破了传统的瓶、盒、袋、管直接盛装内容物的化妆品包装形式，具有外观形式新颖、精致小巧、携带安全，使用方便的优点，适用于外出度假、旅游及野外工作。

7.4　传统商品包装

传统是指历史流传下来的思想、文化、道德、风格、艺术、制度以及行为方式，传统商品就是传统文化中的一个重要内容。传统商品主要是指具有地方特色、民族特色、时代特色的商品。传统商品包装在设计创意中，应该以各种方式或手法来充分体现传统商品的特色，借助包装来充分传达地域、民族及时空的信息，体现包装的文化内涵与意境。汉字、书法、篆刻印章、国画、年画、剪纸、皮影、传统纹样、吉祥图案、中国结、秦砖汉瓦、京戏脸谱、中国漆器、汉代竹简、甲骨文、中国织绣、凤眼、彩陶、紫砂壶、中国瓷器、敦煌壁画等，这些都是具有中国传统特色的元素，充满了中国味道，是与世界其他民族文化区别开来的基础，也是使传统商品包装充满中国气息的关键。

中国的传统包装有着悠久的历史文化渊源，具有自己独特的民族风格和审美意识，其形态与所用的材料因各个历史时期的不同而各具特色。我们要把继承传统作为设计商品包装的起点和根基，把发展传统看作是传统包装前进的方向。

7.4.1　传统商品包装的文化价值

要充分发挥传统商品包装的文化价值，首先，要注重营造企业的品牌文化。品牌文化指品牌中的文化内涵、文化附加值与文化特色，它是商品包装文化价值的源泉。通常情况下，具有"文化含量"的品牌包装，就如同一件艺术品，往往给人以美而新的感觉，动人心弦，撩人情思。反之，传统商品包装中如果没有注入文化因素，没有生命，

没有故事，没有感情，就必然没有文化附加值，企业品牌的文化价值也就成了无源之水，无本之木，再花俏的包装也只是徒劳。

其次，要大力弘扬民族文化。民族文化是传统商品包装设计取之不尽、用之不竭的艺术宝库。传统商品包装讲求民族性，容易被本民族认可，容易产生意想不到的感染力，也有利于在国际上独树一帜，形成自我的创意风格。传统商品包装要十分注重文化遗产的开掘，通过融入传统色彩、绘画、诗文、音乐、节日、宗教等传统文化的内容来提高商品的竞争力。在市场竞争中，以民族文化为特色的传统商品包装不胜枚举，特别是以文化背景为媒介展示传统商品的悠久历史或唤起人们的怀旧情绪的手法更为突出。

最后，就中国而言，负载中国文化的传统商品包装要跻身国际市场，不能离开广阔的国际背景，不能忽略文化的共享性。在创意设计方面要注意文字语言、文化背景、图案构成、色彩搭配、数字组合等方面选择，以缩小与国际化的差距和差异，增加共同点。传统商品包装文化是一种既立足传统又放眼当代，既立足民族又放眼世界的开放型文化，其发展无疑应是在坚持中国民族风格和传统文化的基础上，恰当地选择时代语境，鲜明地反映时代主题，充分体现时代精神，融合世界先进的包装文化，才能实现传统商品走向世界的目的。

图7-41 "福娃怀柿"有吉祥如意的含义

案例 7-9

中国云南是一个多民族聚集的地方，有丰富多彩的民族文化和民间手工艺术，其中蜡染尤为精彩。该红葡萄酒包装主要以传统蜡染的技术和其独特的造型手法，绘制出一幅具有当地人文特色的生活画面。孔雀在傣族人心目中，是最善良、最聪明、最爱自由与和平的鸟，是吉祥幸福的象征。包装以傣族少女结合孔雀造型绘制插图主体形象，突出了民族特色、地域特色，强化了云南红葡萄酒品牌的识别性。

案例 7-10

枣夹核桃是近两年的热销食品，行业竞争激烈。下图包装用移花接木的方法把品牌名称创意为"早嫁何涛"，巧妙地给红枣、核桃披上了盖头和官帽，拟人成独特的头像。拟人化的视觉主体，轻松幽默，令人记忆深刻。强烈的民族风格打破了此类商品的包装局限。

图7-42 色彩呈现出吉祥喜庆的气氛

7.4.2 传统商品包装的色彩

对于不同民族的人而言，受地理环境、风俗习惯、思维方式、宗教信仰、民族心理等众多因素的影响，各种颜色在人的视觉和心理上所引发的联想和象征意义也不尽相同。中国悠久的历史造就了一套完整的色彩艺术，传统商品包装中的色彩设计，就是要把民间流传喜爱的色彩，作为时间信息、空间信息变迁的载体移植到包装上，以强化传统商品的时间价值与空间价值，提高企业信誉，提升传统商品的文化价值。

源自于社会生活传统习惯，古人爱用熟褐、土黄、铜铁等金属的色泽表现厚重、庄严。使色彩带有鲜明的阶级表现。例如，古代上层社会及宫廷包装，采用较为华丽的金色、银色、黄色作为包装的主题色，以显示身份地位的尊贵；而普通百姓用的物品包装，则不允许有高纯度的艳丽颜色。中国的民间偏爱红色，因为红色象征吉祥、喜庆、富贵，在民间的婚庆、节日中出现较多，寄予了人们最真诚的祝福。现在，则常用于节日的商品包装，如酒、月饼等。

图7-43 表现富贵的传统色彩

图7-44 高纯度色彩是民间喜爱的传统色

图7-45 传统色彩中黄色象征高贵

案例7-11

"北京城市钥匙"是2014年APEC会议送给参会嘉宾的国礼。作为国礼包装，如何体现中华民族之特色与大国风范？如何表达礼品"北京城市钥匙"的蕴意？这些都是包装创意必须首要考虑的问题。最终，"大红门"的创意被采纳。"大红门"来自故宫的大门，表达了打开城市欢迎各国人民的意义。充分展现了中国礼仪之邦，泱泱大国兼收并蓄、善邻怀远的风范。在结构方面，大红门采用双开门全景展示结构，既是礼品包装，更是礼品展示台，集包装与展示为一体，与"北京城市钥匙"完美融合，交相辉映。在色彩上大红门采用红色喷漆，加以中国传统的金属撞钉装饰，体现出高贵、厚重之感。

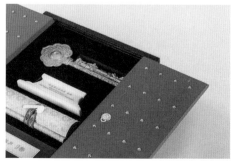

7.4.3　传统商品包装的图形

中国传统图形有着悠久的历史和辉煌的成就。传统图形的主要形式有民间图案和传统纹样，它们在现代包装中的运用十分广泛，无论是作为底纹、主体图案，还是边饰或角饰，都能带来一股古朴、清新的气息，并具有强烈的装饰感，在当代商品显示民族风格上起着潜移默化的艺术效果。

一些民间图案在形式表现上以对美好生活的向往和追求为寓意，成为能为人们带来吉利好运的吉祥神灵物而被固定下来。它土生土长，有着浓厚的乡土气息，与民俗活动紧密相关，具有祈祥纳福的象征性意义。例如，蝙蝠与寿桃代表"福寿祥"、牡丹代表"雍荣华贵"、荷花代表"清明廉洁"、明月代表"花好月圆"等。使用这种传统图案，用其精神属性上的某种特征来传达商品信息，能更加深入人心。如月饼包装的图案通常采用牡丹、明月的图形，以传达一种美好的情感。

传统纹样作为中国传统文化的重要组成部分，一直贯穿于中国历史发展的整个过程，反映出不同时期的风俗习惯。从原始社会简单的纹样到奴隶社会简洁、粗犷的青铜器纹饰，再到封建社会精美繁复的花鸟虫鱼、飞鸟走兽、吉祥纹样等，都凝聚着相应时期独特的艺术审美观。传统纹样作为一种特定观念意义的符号，承载了某种寓意或内涵，具有超出感性形象本义之外的情感色彩，是传统商品包装设计中常用的一种装饰手法。可以针对包装商品特性的表现需要，进行形象上的象征处理。例如，北京牛栏山二锅头酒包装，突出"龙"这一中华民族特定的图腾形象，用龙纹和云纹做包装底纹，显示出尊贵的品质。

图7-46　工笔画在传统包装中使用

图7-47　剪纸图形与仕女图形

图7-48　工笔画在传统包装中使用

图7-49　现代插画在传统包装中使用

案例7-12

右图包装设计采用了古朴而又现代的风格，简约而不简单的设计手法。让产品在体现文化的基础上又具有很高的档次感和现代感。黑白剪影的图形处理方式使朱鹮的造型特征更加突出、醒目，传递出悠然、惬意、生态的环境状态，这也跟朱谷鹮酒的生态有机的定位很好地结合起来。内、外盒的繁简对比，让消费者在开启包装盒时会有强烈的黑白对比体验感受。

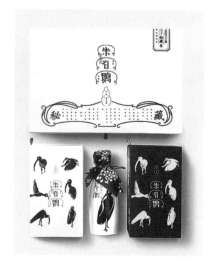

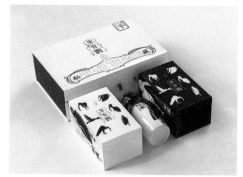

案例7-13

"崂山三宝"是来自崂山当地渔民自己家的海产品。包装以插画的形式把当地真实的生活场景描绘下来，营造出让消费者如同亲身体验感受当地居民日常生活的氛围。让消费者感知买到的商品不是工厂流水化作业的，而是农家生活土生土长的一部分。从而对有着当地浓厚乡土气息的特色产品产生亲切感。

7.4.4 传统商品包装的文字

　　文字在包装设计中占有举足轻重的地位，不仅是信息传达的手段，也是构成视觉感染力的重要因素，所以文字设计是传统商品包装设计中的重要环节。汉字是我国传统文化的精髓，它来源于图画，既是文字又是符号，不仅有叙述功能，也具有装饰作用。在包装设计中只要应用恰当，既能突出商品文化价值，又能起到锦上添花的艺术效果；既表现了东方艺术的风格，又强调了画面意境和内在的思想感情。

　　汉字的书法是一种抽象的艺术，它通过汉字本身的不同笔划特征，把线质、方向、大小组成魅力无穷的视觉形式语言，含蓄地、朦胧地、生动地、丰富地传递着一种独有的情感文化。书法字体因其产生的年代不同而风格各异，如篆书，古朴高雅；魏书，字体朴拙、舒畅流利；隶书，笔势生动，字体整体统一；草书，字形繁多，笔势大气、连绵回绕……各种书法字体应用在包装设计上都有着其独特的效果，具有丰富的表现力和艺术感染力，能够充分体现商品的地域文化特色。

　　传统商品包装的文字设计，要充分考虑传统商品本身的特征，并注意与其他设计要素之间的协调关系。如传统白酒包装，字体要粗犷豪迈、形体厚重；传统茶包装，字体要清新典雅、神情韵致；传统地方工艺品包装，字体则要生动活泼，明快欢跃，有鲜明的节奏韵律感，给人以生机盎然的感受。

图7-50　多种字体的集合应用

图7-51　书法字体的应用

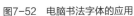

图7-52　电脑书法字体的应用

案例7-14

图中所示是一款有传统养生功效的酒，要在品类繁多的酒品市场中脱颖而出，仅靠商品本身好坏已不能满足。除了拥有较好的商品质量，赋予商品一个特色包装非常重要！为了突出"黑酒"的概念，包装以"黑中套黑"的文字结构设计，以及笔锋苍劲、力量感十足的书法字体，定义了商品的品牌符号，融入了养生的概念，呼应了品牌"神秘、传统"的气质。

案例7-15

衡水老白干"金奖百年"包装采用了有着悠久历史的老宋体。老宋体外形方正，笔划横平竖直，横细竖粗，横和竖连接处都有钝角，点、撇、捺、挑、钩的最宽处都与竖划粗细相同，竖角短而有力。"金奖百年"四个字给包装增加了古朴、端庄、厚重之感。

7.4.5　传统商品包装的选材

　　传统商品包装材料的选择，除了常用的工业材料以外，还可以选择麻、木、竹、藤、茎、叶、果壳等天然材料。选用这些天然材料做传统商品包装，既增加了民间特色和乡土气息，又表现了产品绿色、天然的内涵。用竹、木、花、草等天然形态、仿生形态和仿自然肌理设计的包装外观比非天然的包装外观更受欢迎，让人感觉亲近，能够增加消费者对产品天然品质的信任。我国是世界上养蚕、丝绸、织棉生产的大国，在早期，丝绸织品除了用作服装衣着外，还作为包装材料广泛使用。当今，丝绸线绳作为传统商品包装设计中的一种装饰手法，显示了特殊功能，它既可以作为提手，开启捆扎，又能起到装饰和点缀画面的作用，有很好的装饰效果。天然材料源于生活，取材于大自然，形式经过无数次选择、淘汰，最后保留下来一种被人们公认为完美的形态。传统商品包装选用天然材料，可体现出传统审美文化中的含蓄、细腻的性格特征，符合传统的审美情趣。

图7-53　体现传统包装的竹子材料

图7-54　天然材料给传统包装带来质朴的美感

7.4.6 传统商品包装的时代感

传统色彩、图形、文字、材料等元素，运用到现代传统商品包装中，必须要结合现代的审美观、时尚元素，加工工艺等手段进行变化改进。把传统看成是不变的，一味模仿出来的东西给人们以古旧之感，缺乏生命，也达不到今天人们的欣赏要求。传统的艺术形式，用现代技术来表现，富有传统神韵而又不拘于陈旧的格式，追求设计的新意而又不忽略传统文化风格的体现，使传统的文化艺术更富有韵味、现代味、时代感，是传统商品包装设计发展的途径。

如何体现出传统风格包装当前的时代感？主要可通过以下几种方法：①从构图及图形的设计上来考虑。采用不同于传统的构图形式，如靠边角集中式、分割式、疏密对比强烈而具有现代感意境的均衡式、散点参插式等具有现代风格的构图形式。②从编排上来考虑。采用比较现代的文字编排形式，如齐边式、齐轴线式、斜排式、多向草排式、象形式、掺插式、阶梯式、渐变式等编排形式。③从字体的设计上来考虑。包装上的文字可以采用具有现代感的字体，如新宋体、新黑体、综世体、新魏体以及自行设计的各种变体美术字，还可以运用外文或汉语拼音的各种字体来体现当今的现代感。④从包装的结构、造型上来考虑。包装的结构可以采用诸如提携式、姐妹式、陈列式、组合式、旋转式、易开式、模拟式、异型式、焦点广告POP式等结构来体现当今的现代感。⑤从表现技法的运用上来考虑。如采用彩色或黑白摄影、高科技电脑制作等技法也很容易体现当今的现代感。

我们已进入科技高度发达的微电子、大容量的信息时代。许多先进的文化与技术不断与中华民族的优秀传统文化融合在一起，逐步形成了我国当前多元化的文化状态，这是历史的必然。传统文化的继承不是一成不变，是提取、消化、演变的一种动态继承。传统商品的包装设计只有符合时代的脉搏和节拍，推陈出新，才会具有无穷的生命力和新意境，才能为当代的人们所接受。

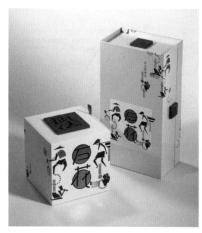
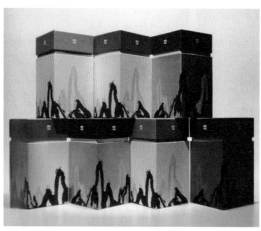

图7-55 传统包装的现代表现

图7-56 运用现代图形表现

案例7-16

下图是一款具有时代气息的酒包装。几何抽象的蓝、红色纹样勾勒出海魂衫的特征，表达了宽广的海洋与灿烂的阳光。简单的几何图形背后是一代人的记忆，青涩的学生时代、无邪的初恋岁月，尽管有了淡淡的褪色，然而向往大海与自由的心依旧。创作源自于生活，生活赋予了作品生命力。包装盒干练的条纹层次丰富，耐人寻味，留给观看者悠远的思考。

案例7-17

中国传统文化中"岁寒三友"是高尚人格的象征，并逐渐演变成为雅俗共赏的吉祥图案。在中国传统寓意中松、竹、梅，傲骨迎风，挺霜而立，精神可嘉。该包装的松、竹、梅图形摒弃了传统的水墨或工笔表现，大胆采用电脑绘制。画面大面积留白，图形简洁、单纯、高雅，很好地体现了中国儒雅之士崇尚清雅的高贵品格。在急功近利的当下社会风气中，包装带给消费者一股清泉之流，感受到以心静平和之心观察万物变迁的本真之情。

本章小结

　　现实生活中商品的种类琳琅满目，不同商品的用途各不相同。同理，不同类别商品的包装也是形态各异，设计重点不同。不同的商品其功能和属性都有巨大的差异，为了更好地理解包装的作用，更加全面地掌握包装的含义，本章对食品、药品、化妆品、传统商品四大类包装进行分类学习。基于市场的不同及商品的特性，不同类别的商品应该采用不同的包装策略。如食品包装重点是通过色彩、图形、材料来充分表现其食欲和知觉联想；药品包装则需要准确地传达药品的药理信息，表现出良好的药品内在质量；化妆品包装需更加注意美观、时尚、前卫、个性，而不仅仅是起到保护商品的作用；而传统商品包装重在表达商品的文化内涵。

思考练习题

1．如何理解食品、药品、化妆品、传统商品这四类包装的各自特点及设计重点？
2．举例说明食品、药品、化妆品、传统商品这四类包装设计的不同之处。

实训课堂

课题：分组设计食品、药品、化妆品、传统商品的包装。
1．方式：制作实物并撰写设计说明（不少于3000字）。
2．内容：从色彩、文字、图形、材料、造型各方面综合考虑，探索最能表达各类商品特征的包装设计方法。
3．要求：将完成后的包装作品放到同类商品包装的现实销售环境中，检验作品的适应性并在课堂上讨论设计经验与感想。

第8章

包装设计与印刷工艺

▷ 学习提示

印刷工艺与包装设计有着密不可分的联系，本章通过对包装的印前准备、印刷流程、印刷工艺的讲述，旨在让学生了解包装设计方案的实现与印刷工艺的密切联系。

▷ 学习目标

▶ 掌握包装设计制稿与印刷要求。

▶ 理解印刷的工艺流程。

▶ 了解包装的特种工艺及视觉效果。

▷ 核心重点

包装设计印前与印后的关联。

▷ 本章导读

一个良好的包装设计方案，需要经过一系列的加工过程，才能实现预期效果。作为包装设计人员，不仅要掌握一般的设计规律与应用软件，还要学会利用有关印刷的工艺与原理，使设计符合生产。以便在有限工艺条件下，无限地发挥设计的表现力，做到既不超越工艺条件，又便于制版印刷，减少印工、缩短工时、节约成本，最终达到理想的效果。反之，将会导致设计与印刷和工艺相脱节，使设计难以实现，造成不必要的浪费。

8.1 印前准备

印前准备，即正式印刷前的一系列准备工作，包括尺寸计算、图稿审定、样稿校对工作。充分做好印前准备，是保证印刷正常进行的前提。

8.1.1 尺寸计算

（1）纸的尺寸

纸的尺寸书写顺序是先写纸张的短边，再写长边，纸张的纹路（即纸的纵向）用M表示，放置于尺寸之后。如880×1230（mm）表示长纹，880×1230（mm）表示短纹。印刷品在书写尺寸时，应先写水平方向再写垂直方向。

国际和国内的纸张幅面有几个不同系列，在实际生产中通常将幅面为787×1092（mm）或31×43（in）的全张纸称之为正度纸；将幅面为889×1194（mm）或35×47（in）的全张纸称之为大度纸。目前裁切规格尺寸大度为：大16开本210×297（mm）、大32开本148×210（mm）和大64开本105×148（mm）；正度为：16开本185×260（mm）、32开本130×184（mm）和64开本92×126（mm）。

（2）常用纸张的开法

通常把一张按国家标准分切好的平板原纸称为全开纸。在以不浪费纸张、便于印刷和装订生产作业的前提下，把全开纸裁切成面积相等的若干小张称之为多少开数。纸张一般有两开法和三开法两种开法。两开法是指每次将纸张一折为二，开数是以二的次幂数增加。三开法是指第一刀将纸张一分为三来进行裁切的，开数以3的倍数增加。除此之外，还有一些根据特殊需要的特殊开法。

图8-1至图8-3是纸张的几种开法。

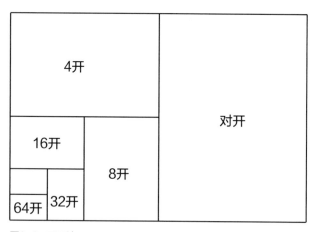

图8-1 二开法

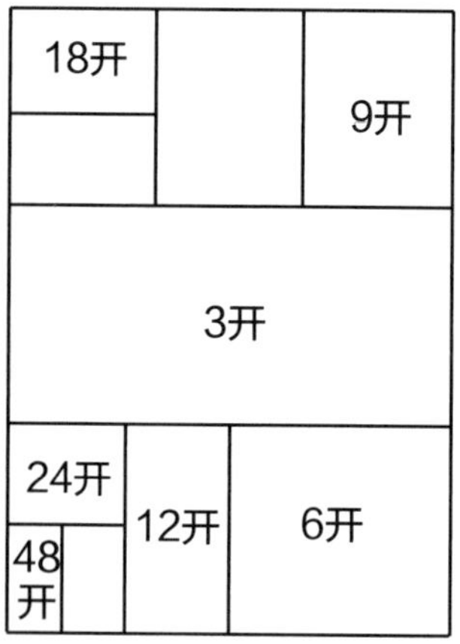

图8-2 三开法

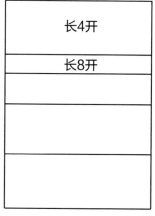

图8-3 特殊开法

（3）尺寸制定注意点

①出血　印刷品印完后，必须将不整齐的边缘裁切掉，裁掉的边缘宽度称为"出血位"。设计包装稿时，一般要在成品尺寸外留3mm，包装盒由于用纸较厚而外留5mm，以防止在成品裁切时裁少了露出纸色（白边），裁多了会切掉版面内容。所以，留出"出血位"，是包装设计过程中必须要做的工作。

②咬口　印刷机印刷时叼纸的宽度叫做咬口，咬口部分不能印刷内容。一般咬口尺寸为10～12mm。在拼版过程中，对纸张大小与页面位置计算时，必须要考虑这个尺寸，设置页面尺寸时加出咬口宽度。

③裁切线　指成品切边时的指示线。

④图边线　指有效印刷面积的指示线。

⑤中线　指印刷品的水平、垂直等分线，中线可用来在正反印刷时作为正面、反面套印对位用，也可用来在第一色印刷时对印版定位以及后面印色的印版定位用。

⑥轮廓线　一般用作模切线，是包装容器的后加工方式之一。

8.1.2　图稿审定

①图形　包装设计中一般用矢量图和像素图两种制图方法。矢量图一般用Illustrator、Coreldrow、CAD等绘图软件，此种图形可以任意放大、缩小而不影响清晰度。像素图一般指由扫描、摄影获取图像后，在Photoshop、Painter等图像处理软件中制作的图形。此种图形的分辨率只有不低于300像素/英寸，才能达到精美的印刷效果。

②色彩　显示器、数字相机、扫描仪等都工作在RGB的色彩空间；打样机、印刷机工作在CMYK的色彩空间中，同一幅图像在这些设备上输出时，最后的颜色效果有可能不同。所以，包装成品稿的色彩只有转换成CMYK四色模式，才能与印刷机相匹配。

③专色设定　专色是指采用黄、品红、青、黑四色墨以外的油墨来复制原稿颜色的印刷工艺。许多设计人员在设计时采用专色色库的颜色，而在分色时又把它们转换成CMYK的印刷四色。这时，需注意三点：一是专色色域大于印刷四色色域，在转换过程中，会丢失一些颜色信息；二是一定要在输出时选择"专色转换成为四色"，否则会导致输出错误；三是不要误认为使用专色编号旁显示的CMYK颜色数值，就能再现出该专色的效果。

④文字　包装设计成稿里所有的文字都要做文字转曲，以免所用字体被置换或丢失。

⑤套准线设置　当设计稿需要两色或两色以上的印刷时，就需要制作套准线。套准线通常安排在版面外的四角，呈十字形或丁字形，目的是为了印刷时套印准确。所以为了做到套印准确，每一个印版包括模切版的套准线都必须准确地套准叠印在一起，以保证包装印刷制作的准确。

⑥模切版制作　通常在制版稿的制作中，将包装的模切版制作到同一个文件当中，以便于直观地进行检验，这时应专门为模切版设一个图层，分色输出时也专门输出一张单色胶片，以便于模切刀具的制作。模切版绘制的方法与纸包装结构图的绘制方法基本相同。

8.2　印刷工艺流程

随着材料科学、印刷技术的不断革新，印刷的种类变得越来越多。从工艺原理、操作方法、印刷效果来看，可分为常规印刷和特种印刷两大类。

(1) 常规印刷

①凸版印刷　凸版印刷的原理就像盖章一样，有文字与图像的部分向上凸起，没有的部分凹进，然后将凸起的部分上色后直接印在纸上，印刷时的压力较大，所以印刷成品的油墨汁厚实，文字及线条清晰，色彩鲜艳。缺点是凸版印刷的制版比较难，上色时油墨的均匀度难以把握。印张不宜过大；而且随着印刷次数的增加，版面也会不断磨损，使印刷数量受到很大的限制。凸版印刷适用于一些套色不多的吊牌、明片、信封、信纸、标签、请帖等。

②凹版印刷　凹版印刷的文字与图像凹于版面之下，没有文字与图像的部分很平滑，然后把凹下去的部分填上油墨汁，把没文字与图像部分的油墨擦干净，再在纸上印刷。凹版印刷又分为雕刻凹版与照相印版两种。凹版印刷具有墨汁色厚实、层次丰富、色彩表现力强、印数多、速度快等优点，多用于钞票、证券、股票、邮票、高质量画报等。缺点是制版费昂贵、印版费也贵，制版工作较为复杂，少数量印件不适合。多用于精美彩色包装袋及豪华彩色杂志的印刷。

③平版印刷　也叫胶版印刷，由早期的石版印刷发展而来。平版印刷的有图案文字部分与无图案文字没有凹凸区别，都在一个平面上，利用水油不相溶的原理把有图案的部分附着一层富有油脂的油膜，而没有文字与图案的部分吸收水份，形成抗墨作用。优点是制版工作简便成本低廉，套色装版准确，印刷版复制容易，印刷效果色调柔和，可以承印大数量印刷。缺点是因印刷时水胶的影响，色调再现力降低，鲜艳度缺乏，版面油墨稀薄，表现力不足。

④柔版印刷　柔版印刷是凸版印刷的一种，是采用橡胶或树脂等柔性材料制成的凸版，是一种机器上通过网纹传墨辊实现传递油墨进行印刷的工艺方法。由于柔性版工艺具有凸印、平印和凹印工艺的共性，对承印物特性的适应范围较广，结构简单，精度高。优点是采用UV油墨或柔印水性墨使其环保性好，油墨浓厚，色调鲜艳，字体及线条清晰，油墨表现力强；柔印还因墨路系统短、供墨量稳定，在墨色的饱和性和一致性方面表现出色。缺点是网点变形较大，油墨、印版等耗材成本高，制版不易控制，制版费贵，不适合大版面印刷物，彩色印刷较贵。

⑤丝网印刷　丝网印刷是利用感光材料通过照相制版的方法制作丝网印版（使丝网印版上图文部分的丝网孔为通孔，而非图文部分的丝网孔被堵住）。印刷时通过刮板的挤压，使油墨通过图文部分的网孔转移到承印物上，形成与原稿一样的图文。优点是着墨厚、附着力强；适用各种类型的油墨，色彩鲜艳夺目，保存期长；不受承印物大小和形状的限制，可在不同形状的成型物及凹凸面上印刷；耐光性能强，甚至可在夜间发光；制版方便、价格便宜，印刷方式灵活、多样，技术易于掌握。

⑥数码印刷　数码印刷是电子文档由电脑直接传送到印刷机，从而取消了分色、

拼版、制版、试车等步骤。是利用高科技技术将数字化的图文信息印刷在某种介质上的一种新型的印刷模式。优点是印刷周期短，输出速度快，可以随意改版，印刷装置小，操作控制方便，从输入到输出，整个过程可以由一个人控制，实现一张起印。缺点是适合于短版印刷，而且数据印刷的解像力有限、层次阶调少，印刷过程中可变因素多，从而导致印刷品质较低。

（2）特种印刷

①珠光印刷　指使用珠光油墨的特殊印刷技术。由于珠光油墨有着天然光泽，使包装印刷品展现出犹如珠光宝气般的缤纷色彩，显得高贵典雅。珠光印刷工艺可采用平版印刷，凸版印刷、凹版印刷或柔性版印刷方式，也可用丝网印刷方式。由于印刷方式不同，应根据工艺的特点，合理选用不同颜料粒径范围的珠光油墨。珠光印刷可将珠光粉直接加入油墨调配，但要即调即用，以防止因沉淀使珠光粉互相粘结，影响使用效果。珠光印刷的承印物以表面光泽性能好、平滑度高，印刷效果最好，如玻璃卡纸、铜版纸、压光白板纸和塑料薄膜等。

②香料油墨印刷　将香料直接加入油墨中，用凸印、柔性版和胶印机印刷，方法简单，但香味难以持久保存。现在多采用以香料封入胶囊内的香料油墨进行印刷，这种印刷方式因香料是由微胶囊摩擦破裂而徐徐散发出芳香味，能持久保存。用香料油墨印后的产品应避免重压和折叠。香料油墨有花卉、水果和乳酪等各种香味型，印刷时可根据产品的特点和客户的要求作适当的选择。香料油墨不仅适用于纸品印刷，而且可以用于塑料、布料和木质等材质的印刷。

③变色印刷　变色印刷所采用的油墨能随温度的变化而变色，油墨能发生变色在于颜料的变色机理。颜料的变色机理主要有结晶转移型、遇热分解型和晶体结构变化型三种。结晶转移型是因遇热使颜料结晶型转移而改变颜色，冷却后又恢复原来的结晶和颜色，这种属于可逆性变色油墨。遇热分解型的颜料，是因遇热而引起化学分解反应后能释放气体而变色，冷却后也不再恢复原来颜色，这种称为不可逆性高温变色油墨。晶体结构变化型颜料可因受热失去其结晶水而变色，冷却后不立即还原，但遇潮湿水分则会慢慢形成结晶而恢复其原色，这种属于可逆性低温变色油墨。变色油墨主要适用于超温告示、人手触摸的体温色块卡、明信片、防伪商标等。变色油墨大多采用丝网印刷，也可用胶印和凹印工艺印刷。

④发泡印刷　发泡印刷是指用微球发泡油墨通过丝网印刷在纸张或绢物上，然后经加热而形成隆起的浮雕状图文。由于发泡印刷的图文能隆起，其所用的是微球发泡油墨，内部充有低沸点溶剂的中空微小可塑球体，当微球经过加热后，球内的低沸点溶剂受热气化，使微球直径很快增大。微球发泡印刷广泛地应用于新的点字印刷技术系统。

⑤贴花印刷　贴花印刷是采用间接转移方式来实现的。先是用平印工艺将图案印在涂胶纸或塑料薄膜上，然后将这种贴花印刷的成品贴在所要装饰的物体表面，利用树胶的水溶性，经用水浸泡使树胶溶解，随即把纸或塑料薄膜撕揭下来，图文即被转移到物体表面。贴花印刷之前，要先在贴花纸上印层透明的调墨油。印刷时，透明度强的颜色要先印，遮盖力强的颜色后印，这样转印后就得到与普通印刷色序相同的图文。

⑥立体印刷　目前常用的立体印刷工艺有全息立体印刷、动感立体印刷及普通立体印刷。立体印刷是有效地利用光学原理，对二维图像进行相关的处理，使其能够达到一种三维的视觉效果。普通的立体印刷技术是将圆弧移动立体拍摄的底片，采用一定的处理方式，最后得到立体照片，在通过一系列的工序，实现其印刷。动感立体印刷与普

通立体印刷的制作原理大致相同，只是进行一定的观察角度的变换，就能够产生较好的视觉动感效果。全息立体印刷采用的是以激光全息摄影为基础的新型立体印刷技术，在其印刷的过程中，充分利用了特殊的激光成像原理。立体印刷应用于包装设计的防伪方面，具有非常好的防伪功能。

案例8-1

任何先进的印刷技术对于消费者来说都相当于魔术。下图是一款莫斯科啤酒包装，其利用热敏变色印刷技术，打造了一个时隐时现的包装。这个包装可与消费者进行视觉互动——常温下，瓶身上只会显示标志性的红色按钮；冷藏时，暗纹上的颜色被"激活"，图形纹样逐渐显露出来，从而传达出"按下红色按钮以激活冒险欲望"的品牌意念。

案例8-2

变色印刷可以激发消费者的好奇心。因为只有在消费者尝试第一次购买之后，才能显示内容，将消费者的重心由商品转移至包装，这种感应变色油墨系统赋予了包装灵动性，使消费者与品牌产生互动，对商品品牌产生积极的第一印象，从而曲线提升产品的销量。如立顿冰茶的外包装，在达到最适温度时，瓶身"LOVE"字样就会逐渐显示，以表达"爱就是稳定的温度"这个品牌理念。

8.3　印刷加工工艺

　　包装印刷加工工艺是在印刷完成后，为了美观和提升包装的特色，在印刷品上进行的后期效果加工。主要有烫印、上光与上蜡、浮出、压印、覆膜、UV、模切压痕等工艺。

（1）烫印

　　烫印的材料是具有金属光泽的电化铝箔，颜色有金、银以及其他种类。在包装上主要用于对主体形象进行突出表现的处理。其制作方法是先将需要烫印的部分制成凸版，再在凸版与印刷品之间放置电化铝箔，经过一定温度和压力使其烫印到印刷品上。这种方法不仅适用于纸张，还可用于皮革、纺织品和木材等其他材料。

（2）上光与上蜡

　　上光是使印刷品表面形成一层光膜，以增强色泽，并对包装起到保护作用。它是将光亮油和光浆按配比例调配在一起，利用印刷机印光或是使用上光机上光。上蜡则是在包装纸上涂热熔蜡，除了使色泽鲜艳外，还能起到很好的防潮、防油、防锈、防变质等功效。

（3）浮出

　　浮出是一种在印刷后，将树脂粉末溶解在未干的油墨里，经过加热而使印纹隆起、凸出产生立体感的特殊工艺。这种工艺适用于高档礼品的包装设计，有高档华丽的感觉。

（4）压印

　　先根据图形形状以金属或石膏制成两块相配套的凸版和凹版，将纸张置凸版和凹版之间，稍微加热并施以压力，纸张则产生了凸凹现象。这种工艺多用于包装中的品牌、商标、图案等主体部位，以造成立体感而使包装富于变化，提高档次。

（5）覆膜

　　覆膜是将塑料薄膜与纸质印刷品经加热、加压后黏合在一起，形成纸塑合一的加工工艺。由于表面多了一层薄而透明的塑料薄膜，使表面不但更加平滑光亮，而且又起到防潮、防水、防污、耐磨、耐折、耐化学腐蚀等保护作用。覆膜有亮光和亚光两种，亮光覆膜使图案颜色更鲜艳、富有立体感，能够引起人们的食欲和消费欲望；亚光覆膜有一种高贵、典雅的感觉，能显著提高商品包装的档次和附加值。

（6）UV

　　UV上光即紫外线上光。它是以UV专用的特殊涂剂精密、均匀地涂于印刷品的表现或局部区域后，经紫外线照射，在极快的速度下干燥硬化而成。UV上光以后的材质比没有UV上光的材质，更加表面光亮、富有立体感。但是比较脆，容易出现裂痕。

（7）模切压痕

模切压痕工艺是根据设计的要求，使包装印刷纸盒的边缘成为各种形状。以钢刀排成模，在模切机上把承印物冲切成一定形状的工艺称为模切工艺；利用钢线通过压印，在承印物上压出痕迹或留下利于弯折的槽痕的工艺称为压痕工艺。

激光模切是将模切的图样参数输入计算机，经过计算机绘图形成CAD图形，经排版套料，自动生成切割程序，输出激光切割图形，用激光在模切底板上完成切割刀槽作业，最后在激光切割的精确垂直刀槽中镶嵌刀条，从而做出模切板。计算机控制的激光切割机可以将板材切割出任意复杂的切缝，同时保持板材的整体性，激光切割机切割出的切缝光滑平直，准确到位。

图8-4　特种工艺加工立体效果突出

图8-5　浮出工艺加工触摸立体感强

图8-6　烫金和发泡工艺加工具有经典高贵质感

图8-7　压印工艺使图案呈现立体感

图8-8　模切工艺具有立体感与层次感

图8-9　模切工艺具有立体感与层次感

 本章小结

　　包装设计和印刷工艺密不可分,将印刷工艺与包装设计更好的融合,能够增强包装产品的使用特性。随着科学技术的进步,各种新工艺、新设备、新材料不断的应用于包装印刷工艺中,印刷工艺对包装设计创意及设计质量的提升具有越来越大的影响。本章主要对常规印刷、特种印刷及印刷加工工艺在在包装设计中的应用及其对包装设计创意的影响进行分析,提出与包装设计目的相匹配的印刷方式、印刷过程以及后续的加工工艺。

 思考练习题

1.　了解各种包装印刷工艺的特点及视觉效果。
2.　举例说明与印刷工艺质量相关的案例,分析说明案例的优缺点。

实训课堂

课题：参观包装印刷工艺厂房。
1.　方式：实地调研,听取师傅介绍。
2.　内容：了解各种包装材料与印刷工艺。
3.　要求：收集参观包装企业的产品,分析其所用材料及印刷工艺,讨论印刷效果与包装设计的关系,培养学生的实际工作能力。

参考文献

[1] 沈卓娅. 2003. 包装设计[M]. 北京：中国轻工业出版社.

[2] 高中羽. 1987. 包装设计[M]. 沈阳：辽宁美术出版社.

[3] 王受之. 2002. 世界现代设计史[M]. 北京：中国青年出版社.

[4] 陈祖云. 1998. 包装材料与容器手册[M]. 广州：广东科技出版社.

[5] 朱和平. 2006. 包装设计[M]. 长沙：湖南大学出版社.

[6] 戴宏民，戴佩燕. 2016. 绿色包装发展的新趋势[J]. 包装学报（1）.

[7] 李凌. 2011. 论儒道思想在现代包装设计中的体现[J]. 包装工程（8）.

[8] 阮乃元. 2008. 汉字奇观[M]. 北京：海风出版社.

[9] 乔益民，王家民. 2012. 3D打印技术在包装容器成型中的应用[J]. 包装工程（11）.

[10] 钱穆. 1994. 中国文化史导论[M]. 北京：商务印书馆.

[11] 易丹. 2012. 包装定位理论研究[J]. 山西财经大学学报（5）.

[12] 刘志基. 2007. 汉字艺术[M]. 郑州：大象出版社.

[13] 李梵. 2005. 汉字简史[M]. 北京：中国友谊出版社.

[14] 丁义诚. 2008. 全解汉字[M]. 北京：新世界出版社.

[15] 张建设. 2009. 包装设计诉求对象的潜意识消费心理分析[J]. 东北农业大学
     学报（6）.